公平の
あり方

行方常幸・行方洋子

大学教育出版

はじめに

　一般的に、私たちが公平性を求めるとき、あたかも平和を求めるように漠然としています。でも具体的な物や権利、資源、自由などをめぐる配分という状況に陥ると、その漠然とした日ごろの思いは、自分についてのある想念に行き着くのです。『自分が他の人たちと同じように扱われているか？　利益の配分において、義務の負担について、他の人々と同等であるのか？』ということが、気になりだすのです。利益の配分が思ったより少なく、税金や罰金が重すぎると感じたとしても、他の人々も同じ状況だと知れば、案外耐えられるもの。他の人々と自分を比較して、不公平かどうかを考えるのです。私たちは生まれながらに平等だと言われますが、実際は様々な不公平な状況に遭遇します。ですから、平等な関係を日々作り上げていこうとする営みこそが、私たちが求める平等への始動なのです。

　そして当たり前のことですが、あらゆる観点から見て完全な平等は無く、現実には常に部分的な何かの平等を実現することになります。そして具体的な個々の配分問題については、いつも、何についての平等，何を基準にするのか、それをいかに実現するのか、が問題となります。

　公平に扱われているという実感を持つことは、社会生活において自発的な協調と協働への誘引となります。私たちが本当の意味で協調的な社会に住むことを望むなら、公平であることが当然な社会になる必要があるのです。公平を伴わない「協調的な社会」は、何らかの圧力が不公平を生みながら、それを正すことが出来ない風通しの悪い停滞感をもつものです。

　本書では、普段の私たちの生活における身近な物の分配と、その方法についていくつか例を挙げて考えます。私たちの生活は、今後もそれが持続することを前提にしています。かつてのある物の配分の経験が、現時点での別の物の配分に影響を与えるといったことがあるのが実情であり、物の貸し借り、恩の着せあい、頂き物とお返しといった具合に、物を仲立ちにして、私たちは永遠に帳尻合わせを繰り返すこともしばしばです。そして、対等（平等）だと感じ

られる地点まで行くように互いが励むのです。そうして、あの時、少し損をしたから、今回は少し得をしてもいいのではないか、といった各分配間の心的リンクが生まれたりします。そしてそれが、当該物のある配分方法を正当化する理由になったりします。でもそれが行き過ぎると、公平性の確保にとっては脅威となりかねないので、それを極力少なくし、時と場合によっては、出来るだけ配分の都度、清算することが望まれます。各回の分配は互いに独立していることが重要だと考えます。なぜなら物（権利、情報、権限なども）はそれ独自の性質があり、それにふさわしい配分があると思われるからである。次に、大事なことは、私たちが自分の分け前と同じくらい他人の分け前にも気を配ることです。とりわけ自分の取り分より得をしている他人に、ではなく、自分より少ない取り分しかない他人に敏感になることが肝要です。私たちは、悲しいかな「私だけ損だ」とか「あの人はずるい」と、思いがちですが、他者から見た不当と思える自分の得については、鈍いからです。

本書で扱う公平性の意味

　公平かどうかの第一義的チェックは、当事者間の対称性です。それに各ルールが続きます。例えば古くからある分配のルールとして、「一人に一つずつ」があります。人によって与えられたり与えられなかったり、また人によってもらえる個数が違えば、「一つずつ」のルールに抵触します。また、例えば「先着順」。先に来た人から注文を聞いていくレストランで、知り合いだから、有名だからといって優先されるのは公平ではない。公平性を重んじるなら、待ち行列の順に厳格に対応すべきです。さらに、日常的によく使われるものに、比例配分があります。投資額に見合った配当や労働時間に応じた賃金計算、タクシーの料金など、もしこれがすべて一律同額なら不公平です。このように「一人に一つ」に代表される均等割り、先着順、比例配分は昔からずっと状況、条件によって使い分けられながら今日まで残ったものといえます。それは私たちの公平性の直観に素朴に訴えるものです。ここでは、これらを元に更に発展した分配の方法をいくつか紹介します。先にも述べたように、公平性に完全は無

く、複数の観点から、それぞれの公平性があります。ですから、問題に応じてどんな公平性を重んじ、それを実現するにはどんな方法があるのかを知り、その都度適切に選択できるようになるために、本書が少しでも役立つことを願ってやみません。

本書の構成

本書では、まず次の5つの話題で公平性の様々な表現方を取り上げます。
1. 必要な総額に不足しているものを分ける（破産問題）。
2. 部分提携の貢献をもとに全体で得られた利益を分ける（提携形ゲーム）。
3. 分割できないものをなるべく正比例に近く分ける（正比例に近い整数による配分）。
4. 複数の候補者の中から投票者の選好により望ましい者を選ぶ（投票ルール）。
5. 2人にとって評価の違うものを分ける（公平に分ける）。

これをもとに最終章「ジレンマからの脱出」に臨みます。従来の（利己的な基準に従う）合理的なプレイヤーに公平的基準を導入し、必ずしも厳密に合理的ではないプレイヤーによるジレンマからの脱出のヒントを探ります。

各章はパート1「例題編」とパート2「説明と計算編」からなり、「例題編」ではいくつかの例を上げ、各例を通じて様々な公平な解を紹介します。「説明と計算編」ではその章で扱っている問題の説明、取り上げる解の説明、解の性質、解を求める計算方法などを（詳しい証明は抜きにして）述べています。

「はじめに」とパート1「例題編」の例は行方洋子が、パート1「例題編」の計算部分とパート2「説明と計算編」は行方常幸が執筆しました。どの例にどの解を採用するかなどの細かな部分は両者の考えをもとに決定しました。

数理的な扱い方が苦手な人はパート1を読むだけでも、「公平」と言葉は一つでも実際にはいろいろなことを意味することを、実感していただけると思います。数理的な扱いが得意な人はパート2を参考に、より深い理解を目指して下さい。

目次

- 1章　破産問題 1
  - パート1：例題編 1
    - 例1：瓶詰め洋ナシの加工 1
    - 例2：除雪 4
    - 例3：台風被害 6
    - 例4：ほら吹き父さんの遺産相続 8
    - 例5：おばあさんの栗の木 10
    - 例6：ひもじい犬のえさ 13
  - パート2：解説と計算編 15
    - 比例配分法（Prop） 16
    - ヘッド法（Head） 17
    - レベリング法（Lev） 19
    - 仁（Nuc） 21
    - シャープレイ値（Sh） 24
    - タウ値（Tau） 25
    - 優先法（priority method） 28
    - 一対一貫性（pairwise consistency） 29
    - 自己双対性（self-duality） 30
    - 防共謀性（collusion-proofness） 31
    - 配分法の間の配分量の関係 32
- 2章　提携形ゲーム 37
  - パート1：例題編 37
    - 例1：不便なタクシー 37
    - 例2：運搬アルバイト 40
    - 例3：竹細工 43

  例4：釣り仲間 45
  例5：レジャー施設 46
  例6：レンタル利用 48
 パート2：解説と計算編 50
  シャープレイ値（Sh）.. 51
  コア（Core）... 55
  仁（Nuc）.. 56
  タウ値（準平衡ゲームの場合）............................... 62
  タウ値（準平衡ゲームではない場合）........................ 65
  団結値（Sol）... 67
  最小二乗値 69
  解の性質 76
  コストゲーム 82
  まとめ 89
3章 正比例に近い整数による配分 91
 パート1：例題編 91
  例1：ペットボトルの飲料水 91
  例2：山菜採り 92
 パート2：解説と計算編 93
  整数による配分問題の解 94
  配分方法の性質 107
  まとめ 110
4章 投票ルール 112
 パート1：例題編 112
  例1：鳥のコンテスト 112
 パート2：解説と計算編 114
  問題の解 115
  投票ルールが持つべき性質 123
5章 公平に分ける 134

パート1：例題編 134
      例1：仲良く分けて 134
      例2：もらったお菓子 137
      例3：若い夫婦 141
      例4：二人の優勝者 142
   パート2：解説と計算編 144
      状況1（交互取り） 145
      状況2（分割選択法） 153
      状況3（指差し手続き） 157
      状況4（勝者調整法） 159
6章　ジレンマからの脱出 168
   パート1：例題編 168
      例1：学生寮の共用スペース 168
   パート2：解説と計算編 172
      戦略形ゲーム 172
      ナッシュ均衡 173
      繰返しゲーム 175
      ゲームのリンク 182
      公平的基準を持つプレイヤー 183
参考文献 190
索　引 192

1章　破産問題

本章では足らないものを分ける典型的な問題である破産問題を扱う。

パート1：例題編

　—わずかな遺産と、多額の借金を残してある人が死んだ。債権者たちは残された遺産から分配を受けることになったが、遺産は債権者全員に借金を返済するにはあまりに足りない。どうすれば公平な分配が出来るのだろうか。—
　わが村の例を挙げて、いろいろなケースを考えてみよう。

例1：瓶詰め洋ナシの加工

　村の基幹産業は農業で、主に米作だが、山の斜面では果樹栽培も盛んだ。その中で最近販売が思わしくないのが洋梨で、新しい品種に押され、大きく硬い従来の梨は売れ行きが今ひとつである。そこで有志の農家が5軒集まって、洋ナシをシロップ漬けに加工して売ることにした。5軒の農家は、新たな設備の購入資金としてそれぞれ出せる範囲で出資した。思い入れと金銭的余裕のあるなしによって、100万円、60万円、50万円、30万円、10万円と、金額に大きな差が出たが、利益は見込めた。しかし、残念ながら1個あたりの小売単価が高くなりすぎて思ったほど売れない。そこであまり損が膨らまないうちに解散することにした。設備その他全部処分した結果95万円残った。これを5軒に返金することになり各農家の代表5名が集まった。
　まず、100万円を出資したAさんが口火を切った。「残った95万円を出資額に応じて、返金すればいいんじゃないのでしょうか。つまり出資金額の比率で分けるのです。私は計算すると38万円です。」これに対して、30万円出資したDさんが「みんな儲けが出ると思って参加したのです。Aさんみたいにお金に余裕がある人と、少しでもお金がほしくて、急遽お金を工面して参加した人もいる。私なんかも大変なんですよ。特に10万円出資したEさんは親戚から借りたということでしょ。残ったお金がかなり少ないのだから、その辺の

ところ考慮してくれませんか」と言った。一同顔を見合わせて、なんと言えばよいかわからず、重苦しい空気が流れた。名前の出たEさんは、特にいたたまれないような顔つきでうなだれている。そこで、50万円出したCさんが、提案した「じゃ、こうしましょう。みんな一律同額で均等に分けることに。なんといっても残った額が少なすぎるんですからね。95万円だから5人で分けると、19万円ずつです。」するとAさんが、「Eさんが得しすぎじゃありませんか、始めるときみんな儲けるつもりだったけど、損が出たらみんなで負担しようということだった。私は納得できません。皆さんはどうですか」と声を荒げた。そのときEさんがおずおず言った「私のところは皆さんがおっしゃるとおり余裕はありません、でも皆さんが損しているのに、私だけ得したんじゃ、申し訳ないです。それに後々気まずい思いをするのもいやですし。」そのとき今まで黙って聞いていたBさんが「うちは60万円出しましたが、実は、おばあちゃんが20万円出してくれたのです。僕たち夫婦は40万円出資しただけなのです。ですから、おばあちゃんの20万円分と僕たち夫婦の40万円を別に清算して欲しいのです」と言った。

そこで「どうすれば公平なのか」ということになる。出資金の比率で分配すれば、あまりに厳格すぎるのではないかというためらいがある。そうかといって均一に分割するとなれば、出資金の額に大きな差があるので、公平とはいえない。その間で何とかみんなが納得できる方法を見つけたい。

数理的見方

配分可能な額95万円が出資額の合計250万円よりも少ない。このような足らないものを配分する問題は破産問題とよばれる。この破産問題に対する解として良く知られた比例配分法、等を紹介する。

出資額の比率に応じて配分する**比例配分法**（16ページの「比例配分法」を参照）を利用してみると、それぞれ順にAさんは38万円、Bさんは$22\frac{4}{5}$万円、Cさんは19万円、Dさんは$11\frac{2}{5}$万円、Eさんは$3\frac{4}{5}$万円となる。

均等割りに近いヘッド法（17ページの「ヘッド法」と18ページの「例（瓶詰め洋ナシの加工）」を参照）で配分すると、Aさん$21\frac{1}{4}$万円、Bさん$21\frac{1}{4}$万円、Cさん$21\frac{1}{4}$万円、Dさん$21\frac{1}{4}$万円、Eさん10万円となる。

また、仁（21ページの「仁」と23ページの「例（瓶詰め洋ナシの加工）」を参照）で分けると、Aさんは25万円、Bさんは25万円、Cさんは25万円、Dさんは15万円、Eさんは5万円となる。100万円出資したAさんと60万円出資したBさんは比例配分法による分け前よりも少ない。60万円出資したBさんの「うちは60万円出しましたが、実は、おばあちゃんが20万円出してくれたのです。僕たち夫婦は40万円出資しただけなのです。ですから、おばあちゃんの20万円分と僕たち夫婦の40万円を別に清算して欲しいのです」に従ってみよう。1軒分だった60万円を、40万円と20万円の2軒とし、再度、仁で配分すると、息子夫婦の分は20万円、おばあちゃんの分は10万円で、合計が30万円となり、もとのBさんの配分額25万円よりも5万円増加した。

上に登場した比例配分法と仁は、分けるべき分と損失分の両方を同じ方法で配分しているという、**自己双対性**（30ページの「自己双対性」を参照）を満たす。しかし、ヘッド法は自己双対性を満たさないので、「損がでたらみんなで負担する」ことにならないため、この「瓶詰め洋ナシの加工」においては不適切と思われる。

AさんからEさんまで、様々な思惑があるだろう。しかし、この「瓶詰め洋ナシの加工」においては、結果として損失になったが、元来は儲けることが目的であったので、利益追求のために2軒を1軒のようにまたは1軒を2軒のように偽ることはあり得る。従って、このような操作的な行為をしても得をしない性質を持つ配分法が望ましい。この性質を**防共謀性**（31ページの「防共謀性」を参照）という。先ほど示したように、仁においては、Bさんを2軒として計算する方が得なので、防共謀性を満たさない。一方、比例配分法は防共謀性を満たす。実際、Bさんを2軒として計算しても息子夫婦の分は$15\frac{1}{5}$万円、

おばあさんの分は $7\frac{3}{5}$ 万円になり、合計は $22\frac{4}{5}$ 万円で変わらない。従って、この「瓶詰め洋ナシの加工」においては比例配分法を採用するのが適切であろう。

例2：除雪

秋の祭りが済むと、そろそろ雪虫が飛び始め、あっという間に雪の降る季節になる。除雪は、村が生活道路を含め、各戸の前を行うことになっている。ところが村はニュータウンのよう

に同じような大きさの家ばかりで構成されているわけではなく、農家あり、会社員あり、高齢の独居者ありで、家々の間口は大きさが違う。ある生活道路を担当する人は、5軒の家を受け持っている。それぞれの家の間口は、3m、4m、6m、7m、10m である。どっと雪が降った朝は、家々では除雪車がくるのを待っていて、ついでにあそこもここもと言って、要求が多くなり、時間がかかり、朝の出勤前に終わらないこともしばしばとなる。そこで出来るだけ作業時間を一定にし、すべての家の前の除雪に関して、公平性を期すために、間口の一番狭い家の幅に統一して除雪することにした。それで、最も間口の狭い家は常に全部除雪され、家の人は余分に除雪しなくてよい。ただ、どんなに雪がたくさん降っても一番狭い間口の幅しか除雪を行わないのは、あまりに不便であり行政のサービスとしても問題であるので、時と場合により、作業に余裕のあるときは、適宜判断するようである。

この状況に対して、6m の間口の住民から意見が出された。「毎日、雪の降り方は違うが、それでも半分しか除雪されないのは、不便です。なぜかというと車道の除雪のときに家の入り口の前に硬い雪が積み上げられ、それを除かないと車を出すことができないのですから。毎日、硬い重い雪を片付けるのは、大変なのです。3m の間口の人は、全部してもらっているのに不公平ですよ。」また、10m の間口の住民も「3m ぐらいしかしないのはまったく除雪をしないのと同じだ。うちは間口は大きいが、老人世帯で、そんなに裕福でもないから、業者にも頼めない。間口が大きいからといって金持ちとは限らないのに、ほと

んど除雪されないのはどういうことか」と苦情を言う。3mの間口の住民は若い勤め人で「朝からしっかりきれいに除雪されているから、車も出しやすく助かってます。勤めに出ない人たちは、ゆっくり日中にでも除雪できるからいいんじゃないでしょうか」と不満は無い。また次のようにいう人もいる、「役所も予算が少なく全戸のすべての間口を除雪できるわけではないのですから、皆あんまり自分勝手な要求をしても仕方がありません。ただ役所は公平に除雪をすべきです。私の家の間口は7mなんですが、雪が多く降った朝とか除雪が大変です。3mの間口の人は冬中まったく除雪をしなくてすむのに、私のところは毎日除雪です。全部除雪する家を順に交替してくれませんかね。そうすれば全部除雪しなくていい日が自分のところにもめぐってきますからね。必ず一軒は完全除雪、残りの時間は他の家の部分除雪ということに。」

サービスを提供する役所側としては、あまり煩雑なルールは日常の運営に支障をきたす可能性があるので避けたい。だが、皆ができるだけ公平に扱われていると感じるような除雪車の運行状況を実現しなければならない。所得格差や年齢、などの要素も考慮して解決しなければいけない問題である。

数理的見方

それぞれの間口を超えない限りにおいて、一軒一軒を平等に扱う方法である**ヘッド法**（17ページの「ヘッド法」を参照）で各戸の除雪幅を求めてみる。間口の狭い家の希望から満たしていく方法である。例えば、除雪する総延長を22mとすると、各家は、各々、3m、4m、5m、5m、5m除雪してもらうことになる（18ページの「例（除雪）」を参照）。

比例配分法で各戸の除雪幅を求めると、各家は、各々、$2\frac{1}{5}$m、$2\frac{14}{15}$m、$4\frac{2}{5}$m、$5\frac{2}{15}$m、$7\frac{1}{3}$m除雪してもらうことになる。

このヘッド法は公平性を判断する一つの基準である自己双対性（30ページの「自己双対性」を参照）を満たさない。実際、全戸の間口のすべてを除雪するには30m除雪しなければならないので、不足するのは8mである。この不足

分 8m をヘッド法で分けると、各家、$1\frac{3}{5}$m となる。間口からこれを引くと、各家は、各々、$1\frac{2}{5}$m、$2\frac{2}{5}$m、$4\frac{2}{5}$m、$5\frac{2}{5}$m、$8\frac{2}{5}$m となり[1]、ヘッド法による答えと一致しない（すなわち、自己双対性を満たさない）。しかし、全体と部分を同じ基準で扱う性質である、**一対一貫性**（29 ページの「一対一貫性」を参照）は満たす。

この各家をいかに除雪するかは、公共の基本的なサービスの問題である。一般に間口の広い大きな家の持ち主は間口の狭い小さな家の持ち主より所得が多いと期待される。基本的なサービスは所得に応じた各戸の必要度に依存するよりも、各戸になるべく均等にされるべきであろう。例えば、上述したように間口が一番狭い 3m の家は、比例配分法では $2\frac{1}{5}$m、ヘッド法では 3m を除雪される。間口が一番広い 10m の家は比例配分法では $7\frac{1}{3}$m、ヘッド法では 5m を除雪される。基本的なサービスの配分として、比例配分法は弱者に厳しすぎる。従って、この「除雪」の問題にはヘッド法を適用するのが適切と思われる。

例 3：台風被害

今年の夏の終わりに、立て続けに大型の台風がやってきて、収穫直前の稲が壊滅状態になった。我が村の農家は主に米作による収入なので、補償問題が持ち上がった。ある地区は 6 戸の農家（A、B、C、D、E、F）があり、補償される総額は 1,500 万円だが、各戸耕作面積が異なり、それによる予想所得も順に、500 万円、400 万円、300 万円が 2 戸、200 万円、100 万円と様々である。

全戸に予想所得全額を渡すためには、1,800 万円必要であり、300 万円不足である。米の収量の予測が立つわけであるから、予想所得に応じた比率で分配

---

[1] これは、後述する、レベリング法による配分である。

をしようと言う声が誰からともなくあがった。Fさんが待ったをかけた。「田の面積が大きい家は、予想所得が大きくなるのは当然だけど、台風で全滅して収入が無いことがこたえるのはうちらのような零細農家だよ。まずはEさんとうちには満額払ってもらいたい。」次にCさんが言った「それはちょっとおかしいよ。確かに米では、収入が少なくなるけど、兼業の収入が結構ある人もいる。全体的な収入の話に持っていかないとおかしいよ」と。Aさんは「これはあくまでも、田んぼの台風被害に対するものだ。どうだろう、不足の300万円は、うちとBさん、Cさん、Dさんで均等に引き受けるのはどうかな、つまり4等分して25万円ずつだすのだよ。」その後、「おかしいよ」とDさんが言う「300万円の不足分をわれわれで負担することは、まあいいとして、どうして均等割りなのですか。不足分の負担も予想所得の比率でわけるのが順当ですよ。」そこでEさんが「その辺は、そっちで決めていただいて、満額もらえるのはうれしい。でも、皆ちょっと考えてほしいんだけど、このお金は、台風被害に対する補償なんだ。皆一律が当然でしょう？台風は全員に被害をもたらしたんだから。」Aさんが「その被害が一律じゃないんだよ」と言った。そこでDさんが言った「均等に割るというのも一理ある。けど均等割りだと、Eさん、Fさんは予想所得を超えて儲ける事になるでしょ。それは本来の意味と違うから、EさんとFさんは予想金額にすべきだね。」Bさんが「被害を受けたのが皆同じなら、多少の痛みを皆が引き受けるほうがいいでしょう。誰も満額もらえる人がいない、ということで、皆が納得できるんじゃないかな」と言った。

数理的見方

比例配分法で1,500万円を分けると、各々、$416\frac{2}{3}$万円、$333\frac{1}{3}$万円、250万円、250万円、$166\frac{2}{3}$万円、$83\frac{1}{3}$万円となる。

補償金1,500万円の均等割りに近いヘッド法で配分すると、各々、300万円、300万円、300万円、300万円、200万円、100万円となる。Cさん、Dさん、Eさん、Fさんが予想所得の満額を保証され、AさんとBさんで不足分300万円

を負担することになる。

　不足額 300 万円の均等割りに近い（この場合は均等割り）**レベリング法**（19 ページの「レベリング法」と 21 ページの「例（台風被害）」を参照）で配分すると、各々、450 万円、350 万円、250 万円、250 万円、150 万円、50 万円となる。全員が同額の不足 50 万円を負担することになる。

　また、比例配分法を修正したタウ値（25 ページの「タウ値」と 27 ページの「例（台風被害）」を参照）で配分すると、各々、440 万円、340 万円、240 万円、240 万円、160 万円、80 万円となる。配分し終わって後、E さんと F さんの 2 人は受け取った 160 万円と 80 万円をテーブルの上に出して、もう一度それをタウ値で分けなおしてみた。すると今度は 170 万円と 70 万円になって受け取り金額が変わってしまった。このように 2 人で再配分した場合に答えが変わる配分は一対一貫性（29 ページの「一対一貫性」を参照）を満たさない。上記の比例配分法、ヘッド法、レベリング法は一対一貫性を満たす。2 人で再配分した場合に各自が受け取る金額が異なるということは、問題が生じやすいので出来れば、一対一貫性を満たすほうが望ましい。

　この台風被害の補償問題においては、基準は各農家が予想所得を得た状況であろう。また、稲作による所得は各農家の収入の一部と予想される。6 軒の農家の意見は多様であるが、この 2 点に焦点を当て、損失分の 300 万円をなるべく各農家に均等に分けるレベリング法が適切と思われる。つまり問題は災害による損害補償であるので、不足している金額を皆でなるべく均等に分けることが妥当であり、レベリング法による配分が望ましい。

例 4 ：ほら吹き父さんの遺産相続

　わが村に古くから農業を営む旧家がある。子供は 3 人いるが 3 人とも独立して都会で暮らしている。父は、自分の死後は子供たちに財産を譲ることにしているのだが、3 人集まったところで相続の具体的な話はしたことがない。しかし、一人ひとりにはかねてから言っていた。長男には資産を全部売って金に替え、そのうち 800 万円やるよ、と。次男には、600 万円、三男には 200 万円をやるとそれぞれ本人のみに伝えていた。子供た

ちは父親は資産家だから当然最低でもそれくらいはもらえるだろうと思い、それぞれがすでに親の遺産を当てにした計画で暮らしていた。ところが、父親の死後、借金があることも分かり、全部金に替えても 750 万円しかないことが分かった。子供たちに約束の金を与えるためには 1,600 万円必要だ。この場合，生前父親から約束されていた金額を元に、どうすれば公平に分けることが出来るだろうか。長男の金額が多いことについては他の 2 人の弟たちは了承した。

　2 人の弟は、長男が多くもらうことは、諸事情から了承してはいたが、分ける遺産そのものがかなり少なくなっていることは、ショックであった。三男はため息をついて、「なんだこんなに少ないんじゃ、なるべく一律に 3 等分するしかないね」と言った。これに対し長男は、「均等に分配するというのは、間違っている。そもそも長男の僕が、お父さんの面倒を見たのだし、僕が多くもらうということは了解済みだったじゃないか。それが親父の言葉を尊重することでもあるんじゃないか」として、4:3:1 と比例配分することを主張した。すると次男は、次のように言った。「そんなこと言ったって 850 万円も不足しているのだから、僕と弟は不足したぶんの負担は軽減してもらいたい。つまりきっちり 4:3:1 で分けるんじゃなくて、兄さんが少し多くてもいいけど、もう少し比率を緩やかにしてもらいたいな。」そこで長男は、「不足していると言うけど、親父が勝手に言いふらしていただけで、実際にははじめから無かったお金なんだよ。そんなお金をどう考慮しろというんだ」と言った。三男はこれに対して、「じゃ、親父が言っていた金額なんか無かったことにしようじゃないか。4:3:1 の比率も無いことになるよね。兄貴の金額が少しでも多ければいいわけだから、ほぼ同額で大きい兄貴が少しだけ多くとる、っていうのはどうかな」と話はまとまるどころかますます決着がつかない。

数理的見方

　仁（21 ページの「仁」を参照）を利用して分けると、長男 350 万円、次男 300 万円、三男 100 万円となる。
　長男が言うように比例配分法（16 ページの「比例配分法」を参照）を利用

すると、長男375万円、次男$281\frac{1}{4}$万円、三男$93\frac{3}{4}$万円となる。

　また、三男が言おうとしていたなるべく均等割りに従うヘッド法（17ページの「ヘッド法」を参照）を利用すると、長男と次男が275万円、三男が200万円となる。

　さて、仁と比例配分法は自己双対性（分けるべきものと不足分を共にその方法で配分しているという性質；30ページの「自己双対性」を参照）を満たすが、ヘッド法は満たさなかった。この「ほら吹き父さんの遺産相続」の場合、分けるべきもの750万円と不足分850万円を同じように扱うべきと思われる。また、最小の要求額200万円を持つ三男は仁では100万円、比例配分法では$93\frac{3}{4}$万円を配分される。一方、最大の要求額800万円を持つ長男は仁では350万円、比例配分法では375万円配分される。分けるべきものが少ない遺産相続においては、要求額が一番少ない人を優遇し、要求額が一番大きい人を冷遇するのが望ましいから、仁を適用するのが適切と思われる。

例5：おばあさんの栗の木

　丘の上に立つ一人暮らしのおばあさんの家には、大きな栗の木がある。毎年たくさんの栗がなるので、人々は三々五々立ち寄っては、おばあさんに栗をもらうのが慣わしのようになっていた。ちょうどいい時期に来ると、いくらでも好きなだけ持っていけるが、皆がとってしまった後だとなくなっていることもある。だから、秋になると皆、「もう、そろそろかな」「まだまだだ」と通りがかりに栗の木に目をやりながらそわそわする。しかしいつもなんとなく始まるので、毎年それぞれが手にする栗の量が異なることになる。それでもなんとなく和気あいあいのうちに、シーズンが終わるのだった。

　この頃、めっきり年老いたおばあさんは、自分で栗をとらず、人々に勝手にとって行ってと言っていた。ところがこのところ、だんだん早めに来て、ごっそり栗を持っていってしまう人が現れ、後から来る人の楽しみを奪っていることを知り、おばあさんは困ってしまった。今までなら、栗がいっぱいなって

いても，自分がもらえる，もらっても良い，と思える分からさらに他の人に配慮して，幾分控えめに栗を持って帰り，毎年もらう量に差はあっても，運の良し悪しで，終わる程度だった。ところがこのごろは早い者勝ち的な状況に拍車がかかっている。おばあさんは村の人たち皆と仲良くしていきたいと思っているので，どの人にも相応の量の栗を持っていってもらいたい。栗をとるのは，栗をもらう人であって，おばあさんは何もしない，それどころか忙しくてその場にいないことのほうが多い。なんとなく「早い者勝ち」のような雰囲気を何とか元に戻して，それぞれの人が必要なだけ，戦々恐々とならずに栗を持って帰る方法はないか，と栗をもらう常連5人は思案した。

Aさん「いままでは，どれだけ栗が落ちていても，全部とってしまわずに後から来る人のために残しておいたものだ。それなのに，このごろは，落ちている分だけじゃなく，木を揺すったり叩いたりしてまで根こそぎとって行くんだもの，いやになるよ」

Bさん「いったい誰がそんなことをしていたのですか。そんなことをするのはこの村の者ではない気がします。私たちのほかにとる人がいるのでしょうか？」

Cさん「そんなことより，何度も何度も栗の木のところへ行ってとる人がいるが，あれはだめだね。そんなことをすると，栗の木のそばにへばりついていないと少しももらえないものね。一人は一回限りで，当たり外れはしょうがない，と言うことにしなくちゃ」

Dさん「じゃ，誰かがとった後に行って，少ししか落ちていなかったとしても，それで今季は終わりですか。栗ご飯一杯も無いってことになりませんか」

Eさん「栗は毎年甘く煮て瓶詰めを作るので，その分あればいいのですが，・・・。毎年大体同じくらいの量をいただいています。少しでいいので，和気あいあいで分け合いたいです。皆さんも大体利用する量と食べ方は決まってるんでしょう？」

Dさん「栗はいっせいに実がなるわけではないし，なっていることに気がついた者から順にとるから，早い者勝ちってことでしょう。それに何回もらったかって事も，一回にとる量によるんじゃないの。少ない量なら何回でもいいん

じゃないの」

　Bさん「それより栗をとる人を登録するのが先決だわ。それに一人ひとりのとる量を申告するのよ。後は、秤を置いておくか、持参するかしてその申告した量を超えないことね」

　Aさん「毎年同じ量の栗がなるわけじゃないし、申告なんてできないよ。栗拾いに秤は、いかにも不似合いだ。そんな杓子定規にしなきゃいけないなら、気がめいるね」

　Bさん「じゃ、このままでいいのでしょうか？　毎年栗がなりだすと、気がかりで気がかりで、何も手がつかないのよ。あの木の栗は格別だから」

　Dさん「昔みたいに、みんながあんまり欲を出さないで、少しをありがたく頂くという気持ちで栗拾いをするのがいい」

　Cさん「みんな言うことは立派だけど、ごっそり何度もとる人が増えたことが問題だよ。何を決めても守らない人がいる。これはどうしようもないけど、何か取り決めをしないと、みんなの楽しみが争いの元になりかねないよ。さて、どんな取り決めをすればいいのかな」

数理的見方

　栗は一斉にならず、順次収穫する性質のもので、「分けるもの」がすでに全部目の前にあるわけではないこと、そしてそれぞれの人の要求量があるようでそれほど定まっていないこと、などこの話には破産問題として扱いにくい面もある。しかし、そこは目をつぶり強引に破産問題と解釈して解いてみる。

　この常連5人の要求量を、家族の多い人から、ほんのわずか季節の味覚を味わえればよい、という人までという順に、10kg、7kg、5kg、3kg、1kgとする。栗は毎年およそ15kgとれ、総必要量を満たすには足りないとする。

　シャープレイ値（24ページの「シャープレイ値」と25ページの「例（おばあさんの栗の木）」を参照）を利用し分ければ、$5\frac{13}{15}$ kg、$3\frac{19}{20}$ kg、$2\frac{19}{20}$ kg、$1\frac{7}{10}$ kg、$\frac{8}{15}$ kgとなる。

シャープレイ値は「先着順サービス」を基本に考える分け方である。例えば 10kg の人が一番最初にやってきて、二番目に 7kg の人がやってきたとすると、一番目が 10kg もっていき、二番目が 5kg もっていくと、栗はなくなる。もし、一番目に 7kg の人が来て、二番目に 5kg の人が来て三番目に 3kg の人が来たら、それで栗はなくなる。このようにして仮想的にすべての順列を計算し、その平均をとることでそれぞれの人がもらう量を決める。

現実の生活では、「先着順サービス」がよく行われる。多くの場合「先着順サービス」では、早く来たものは得し、遅く来たものは損をする。その損得の影響を平均することで緩和しようとするのがシャープレイ値の考えである。

比例配分法、ヘッド法、仁、等で分けることも当然考えられる。しかし、ここでは以前の栗の分け方が先着順を想起させるので、シャープレイ値を利用した。

例6：ひもじい犬のえさ

村の山の上に、犬を5頭飼っている人がいる。山奥で暮らしているので、犬のえさの生肉については定期的に宅配便で届けてもらっている。5頭の内訳は大型犬1頭、中型犬1頭、小型犬1頭、超小型犬2頭である。大型犬は 20kg、中型犬は 15kg、小型犬は 3kg、超小型犬は 2kg、の肉を食べるので総量 42kg を配達してもらう。ところがある吹雪の日、間違って 18kg しか届けられなかった。次までもう配達がないので仕方なく 18kg の肉を出来るだけ公平に分けるしかない。

〈飼い主の独白〉

肉は、犬にとって必須というわけではない。乾燥したえさもある。しかし栄養と楽しみという点でどの犬も少しでも多くほしい物なのだ。18kg をそれぞれの犬がいつも食べている肉量の比で分けるというのがいいかもしれない。でも、肉の量が非常に少ないので、いつもの量にこだわらなくていいように思う。まったく肉にありつけない犬を出さないことはいうまでも無い。しかし食事のときは、皆一斉に一箇所で食べるので他の犬と比較して、あまり少ないと感じることは避けてやりたい。犬の体の大きさはかなり違うので、何を持って

公平だとするかは、思案のしどころだな。犬に対する愛情は、それこそまったく平等なのに、肉の量でそれを表すのはできるのだろうか。

数理的見方

比例配分法を利用すると、大型犬には$8\frac{4}{7}$kg、中型犬には$6\frac{3}{7}$kg、小型犬には$1\frac{2}{7}$kg、超小型犬には$\frac{6}{7}$kg配分される。

仁（24ページの「例（ひもじい犬のえさ）」を参照）では、大型犬と中型犬には$7\frac{1}{4}$kg、小型犬には$1\frac{1}{2}$kg、超小型犬には1kg配分される。

レベリング法（21ページの「例（ひもじい犬のえさ）」を参照）では、大型犬には$11\frac{1}{2}$kg、中型犬には$6\frac{1}{2}$kg配分されるが、小型犬と超小型犬は0kgになってしまい、体の小さい3頭は少しも食べることが出来ない。

タウ値（25ページの「タウ値」と27ページの「例（ひもじい犬のえさ）」を参照）で配分すると、大型犬$8\frac{1}{10}$kg、中型犬$6\frac{3}{4}$kg、小型犬$1\frac{7}{20}$kg、超小型犬$\frac{9}{10}$kgになる。タウ値は一対一貫性（29ページの「一対一貫性」を参照）を満たさないが、この犬にえさを配分する問題では一対一貫性を特に要求する必要はないであろう。

すべての犬に少しでも肉を与えたいので、レベリング法は望ましくない。次に、超小型犬に焦点を当てると、比例配分法は超小型犬に厳しすぎるので、これも望ましくない。また、大型犬に焦点を当てると、要求量の半分をもらえない大型犬と中型犬が同じ量を配分される仁では、あまりに大型犬が可愛そうである。従って、この「ひもじい犬のえさ」ではタウ値を適用するのが望ましいと思われる。

パート2：解説と計算編

　破産問題は足らないものを分ける典型的な問題であった。以下では既出の例を通じて、破産問題といくつかの配分方法（解）とその性質を解説する。

例：ほら吹き父さんの遺産相続（再掲）

　わが村に古くから農業を営む旧家がある。子供は3人いるが3人とも独立して都会で暮らしている。父は、自分の死後は子供たちに財産を譲ることにしているのだが、3人集まったところで相続の具体的な話はしたことがない。しかし、一人ひとりにはかねてから言っていた。長男には資産を全部売って金に替え、そのうち800万円やるよ、と。次男には、600万円、三男には200万円をやるとそれぞれ本人のみに伝えていた。子供たちは父親は資産家だから当然最低でもそれくらいはもらえるだろうと思い、それぞれがすでに親の遺産を当てにした計画で暮らしていた。ところが、父親の死後、借金があることも分かり、全部金に替えても750万円しかないことが分かった。子供たちに約束の金を与えるためには1,600万円必要だ。この場合、生前父親から約束されていた金額を元に、どうすれば公平に分けることが出来るだろうか。

　この例をもとにこの章で扱う6つの公平な分け方を説明する。6つの分け方とは、比例配分法、ヘッド法、レベリング法、仁、シャープレイ値、タウ値である。750万円の遺産を資源、父親が子供に伝えた額、800万円、600万円、200万円を要求額、3人の子供をプレイヤーと呼ぶことにする。この破産問題を(750;(800,600,200))と書くことにする。注意点は資源の量700が要求量の総和1,600以下であることである。一般的に、破産問題は$(E;d)$、ただし、$d:=(d_1,...,d_n), d_j \geq 0 (\forall j \in N), 0 \leq E \leq \sum_{j \in N} d_j$ [2]と表現される。目標は、プレイヤーの要求額$d = (d_1,...,d_n)$をもとに資源Eを公平に配分することである。資源Eは有る<u>物</u>であり、要求額の合計から資源を引いた量$\sum_{i \in N} d_i - E$は足らな

---

[2] nは自然数で、$N:=\{1,...,n\}$である。

い物である。この足らない物を D とおく。すなわち、$D := \sum_{i \in N} d_i - E$ である。

公平な配分の基本的な考え方は次の通りである。

基本的な考え方：「物を分ける際に、同じものは等しく扱う」

配分方法を次のように破産問題全体の集合から資源の配分への関数 f で表す。破産問題 $(E;d)$ が与えられれば E の配分が次のように与えられる。

$$f(E;d) := (f_1(E;d),...,f_n(E;d))$$

問題の意味より $\sum_{j \in N} f_j(E;d) = E, 0 \leq f_j(E;d) \leq d_j \ (\forall j \in N)$ が成り立つ。

比例配分法（Prop）

比例配分法では、基本的な考え方において、物が分けるべき資源である有る物の750万円であり、ものが3人の子供たちの要求額800万円、600万円、200万円の各部分である。長男の800万円と、次男の600万円と、三男の200万円の、どの部分の a 万円も、750万円を分ける際には、同等に扱われる、すなわち、$\frac{750a}{800+600+200} = \frac{15}{32}a$ 万円の分け前を生み出す、として扱われる。結局、750万円を 800:600:200=4:3:1 の比に分けることになる。従って、比例配分法による配分は $\left(750 \times \frac{4}{8}, 750 \times \frac{3}{8}, 750 \times \frac{1}{8}\right) = \left(375, 281\frac{1}{4}, 93\frac{3}{4}\right)$ となる。この答えを式で $\text{Prop}(750;(800,600,200)) = \left(375, 281\frac{1}{4}, 93\frac{3}{4}\right)$、または、扱っている破産問題が明らかである場合は、$\text{Prop} = \left(375, 281\frac{1}{4}, 93\frac{3}{4}\right)$ と書くことにする。比例配分法の定義を式で書けば次のようになる。

$$\text{Prop}_j(E;d) := \frac{d_j}{\sum_{i \in N} d_i} E \ (\forall j \in N)$$

比例配分法は、後述する自己双対性（30ページの「自己双対性」を参照）を満たすので、基本的な考え方において、物が足らない物の850万円であり、

ものが 3 人の子供たちの要求額 800 万円、600 万円、200 万円の各部分である、とも見なすことができる。

図的解法

右図のように、プレイヤー1、2、3 用に幅が 4:3:1 で面積の総和が 1,600 になるように長方形を描く。次に、図の上部から 750 の量の水を注ぐ。各プレイヤーの長方形の中に注がれた水の量が、各プレイヤーに配分される額、375、$281\frac{1}{4}$、$93\frac{3}{4}$ となる。

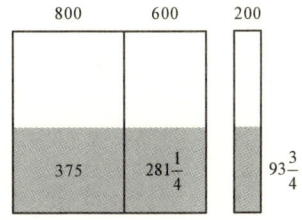

この図的解法において、右図に示されるように同じ面積の薄い灰色の正方形の各要求量が濃い灰色の長方形の配分を生んでいると解釈すれば、この図的解法が正しいことが分かる。

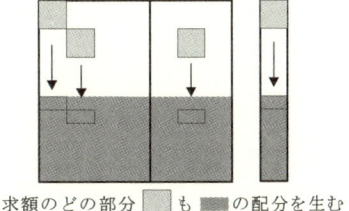

要求額のどの部分 ■ も ■ の配分を生む

ヘッド法（Head）

ヘッド法では、基本的な考え方において、物が分けるべき資源の 750 万円であり、ものが 3 人の子供たち一人ひとりである。すなわち、等分を基本とする。750 万円を 3 等分すると、1 人当たり 250 万円となるが、三男は最大でも要求額の 200 万円しかもらえないはずだから、この要求額 200 万円をもらう。残りの 750–200=550 万円を長男と次男で等分する。275 万円は各々の要求額以下だから、これが答えとなる。すなわち、各プレイヤーが自分の要求額以下しかもらえないという制約のもとで、資源をなるべく等分するのである。この答えを式で Head(750;(800,600,200))=(275,275,200) と書くことにする。

図的解法

右図のようにプレイヤー1、2、3 用に高さの比が 800:600:200=4:3:1、幅が同じで、面積の総和が 1,600 になるように長方形を描き、底辺が水平に揃うように

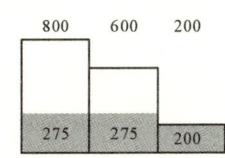

置く。次に、図の上部から 750 の量の水を注ぐ。各プレイヤーの長方形の中に注がれた水の量が、各プレイヤーに配分される額、275、275、200 となる。

具体的な計算は、例えば、次のように行えばよい。まず、右図のように最小の要求額を皆に配分する。

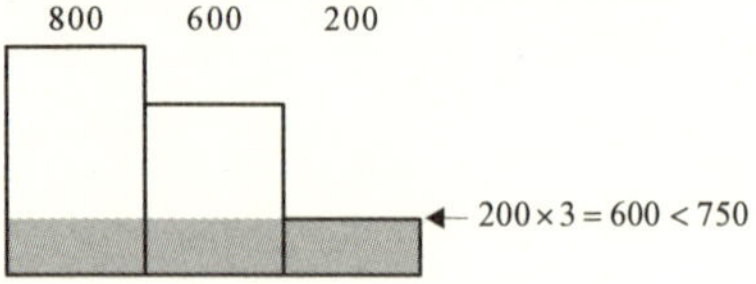

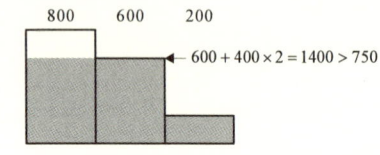

必要な資源の量 600 は 750 未満であるので、2 番目に小さい要求額を、既に満額を受け取っているプレイヤー3 を除いた他のプレイヤーに配分する。

必要な資源の量 1400 は 750 を超えているので、資源が足らない。すなわち、プレイヤー1 と 2 に 400 ずつ配分できない。配分できるのは、下図のように

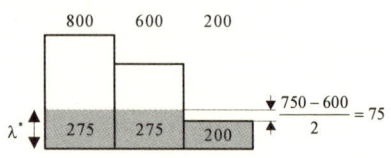

(750–600)/2=75 であり、その結果、275、275、200 がヘッド法による答えとなる。

ヘッド法の定義を式で書けば、次のようになる。

$$\mathrm{Head}_j(E;d) := \mathrm{Head}_j^{\lambda^*}(E;d) \ (\forall j \in N)$$

ただし、$\mathrm{Head}_j^{\lambda}(E;d) := \min\{\lambda, d_j\} \ (\forall j \in N), \sum_{j \in N} \mathrm{Head}_j^{\lambda^*}(E;d) = E$ となるように λ^* を定める。上記の例では $\lambda^* = 275$ である。

例（瓶詰め洋ナシの加工）

(95;(100,60,50,30,10)) にヘッド法を適用する。右図より、

$\mathrm{Head}(95;(100,60,50,30,10))$
$= \left(21\frac{1}{4}, 21\frac{1}{4}, 21\frac{1}{4}, 21\frac{1}{4}, 10\right)$ となる。

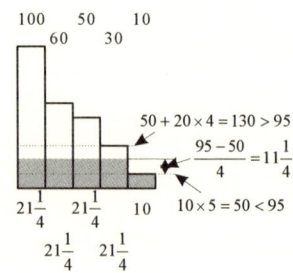

例（除雪）

(22;(3,4,6,7,10)) にヘッド法を適用する。下図

より、Head(22;(3,4,6,7,10))=(3,4,5,5,5)となる。

足らないもの(3+4+6+7+10)−22=8をヘッド法で分けると、右下図のように

$$\text{Head}(8;(3,4,6,7,10)) = \left(1\frac{3}{5}, 1\frac{3}{5}, 1\frac{3}{5}, 1\frac{3}{5}, 1\frac{3}{5}\right)$$

となる。要求額からこの足らないものの配分を引くと

$$(3,4,6,7,10) - \left(1\frac{3}{5}, 1\frac{3}{5}, 1\frac{3}{5}, 1\frac{3}{5}, 1\frac{3}{5}\right)$$
$$= \left(1\frac{2}{5}, 2\frac{2}{5}, 4\frac{2}{5}, 5\frac{2}{5}, 8\frac{2}{5}\right)$$

となる。

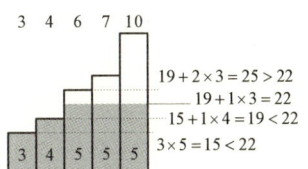

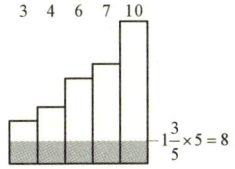

レベリング法（Lev）

レベリング法では、基本的な考え方において、物が足らない額(800+600+200)−750=850万円であり、ものが3人の子供たち一人ひとりである。まず、足らない額をヘッド法で配分する。850万円を3等分すると250万円となる。三男の要求額200万円よりも多いので、三男は足らない額のうち200万円を負担する。残りの足らない額850−200=650万円を等分すると325万円となり長男と次男の要求額以下となる。従って、足らない額のうち長男と次男は325万円ずつ負担する。足らない額に対する負担額が決まったので、自分の要求額から足らない額に対する負担額を引き、もとの資源750万円の配分を求めると(800−325,600−325,200−200)=(475,275,0)となる。この答えをLev(750;(800,600,200))=(475,275,0)と書くことにする。足らない額をヘッド法で配分し、それをもとに資源の配分を計算しているので、

$$\text{Lev}(750;(800,600,200)) = (800,600,200)$$
$$-\text{Head}((800+600+200)-750;(800,600,200))$$

が成り立っている。レベリング法は有る物の資源を分ける方法であるが、それを求める際に、足らない物をヘッド法で分け、それを自分の要求額から引いて、答えを求めている。

一般的に、破産問題$(E;d)$の配分法 f が与えられた時、その f をある物 E ではなく不足した物 $D := \sum_{j \in N} d_j - E$ に適用して不足

$$f^*(E;d) = d - f\left(\sum_{j \in N} d_j - E; d\right)$$

した物 D の配分 $f(D;d)$ を求め、その結果として、ある物 E の配分 $d-f(D;d)$ を求める配分方法を**双対配分法**と呼び f^* と書くことにする（右図参照）。

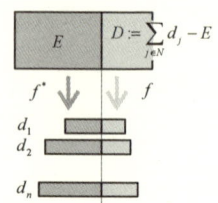

この用語を使うと、レベリング法はヘッド法の双対配分法であり、同じことであるが、ヘッド法はレベリング法の双対配分法である。

図的解法

右図のようにプレイヤー1、2、3 用に高さの比が 800:600:200=4:3:1、幅が同じで、面積の総和が 1,600 になるように長方形を描き、上辺が水平に揃うように置く。次に、図の上部から 750 の量の水を注ぐ。各プ

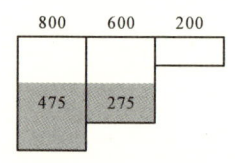

レイヤーの長方形の中に注がれた水の量が、各プレイヤーに配分される額、475、275、0 となる。

灰色の部分に着目せずに、白色の部分に着目する。長方形の内部の白い部分は足らないもの 1600–750=850 であり、（この図を上下方向に反対に見れば）これをヘッド法で配分し、自分の要求額からこの足らないものの配分を引いたものが灰色の部分となっている。レベリング法はヘッド法の双対配分法であったので、上述のレベリング法の図的解法は正しい。

具体的な計算は、例えば、次のように行えばよい。まず、右図のように最大の要求額を持つプレイヤーに 2 番目に大きい要求額との差 800–600=200 を配分する。

まだ 200<750 なので、最大の要求額を持つプレイヤーと 2 番目の要求額を持つプレ

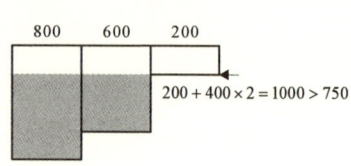

イヤーの2人に2番目と3番目の要求額の差600–200=400を配分する。

必要な資源の量1,000は750を超えているので、資源が足らない。すなわち、プレイヤー1と2に400ずつ配分できない。配分できるのは、右図のように(750–200)/2=275であり、その結果、475、275、0がレベリング法による答えとなる。

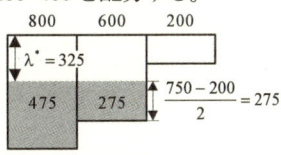

レベリング法の定義を式で書けば、次のようになる。

$$\mathrm{Lev}_j(E;d) := \mathrm{Lev}_j^{\lambda^*}(E;d) \ (\forall j \in N)$$

ただし、$\mathrm{Lev}_j^{\lambda}(E;d) := d_j - \min\{\lambda, d_j\} \ (\forall j \in N), \sum_{j \in N} \mathrm{Lev}_j^{\lambda^*}(E;d) = E$ となるように λ^* を定める。上記の例では $\lambda^* = 800 - 475 = 375$ である。

例（台風被害）

(1500;(500,400,300,300,200,100)) をレベリング法で解く。下図より
Lev(1500;(500,400,300,300,200,100)) =(450,350,250,250,150,50)となる。

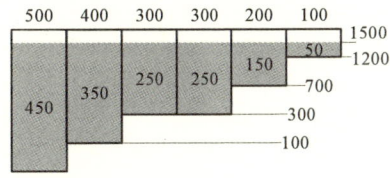

例（ひもじい犬のえさ）

(18;(20,15,3,2,2)) をレベリング法で解く。右図より $\mathrm{Lev}(18;(20,15,3,2,2)) = \left(11\frac{1}{2}, 6\frac{1}{2}, 0, 0, 0\right)$ となる。

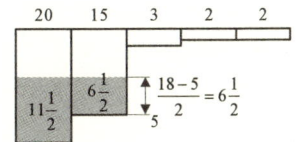

仁 (Nuc)

仁は分けるべき資源の量が（要求額の総和の半分よりも）小さい場合はヘッド法の考え方で、（要求額の総和の半分よりも）大きい場合はレベリング法の（足らない額をなるべく等分する）考え方で、配分する。この例の場合、資

源の量 750 万円が要求額の総和の半分(800+600+200)/2=800 よりも小さいので、各プレイヤーの要求額を（ある物を分ける用に）半分に修正して、ヘッド法を適用する。Nuc(750;(800,600,200))=Head(750;(400,300,100)) である。750 万円の 3 等分の 250 万円は 100 万円よりも多いので、三男は 100 万円を受け取る。残りの 750−100=650 万円の 2 等分の 325 万円は次男の要求額の半分 300 万円よりも多いので、次男は 300 万円受け取る。残りの 750−(100+300)=350 万円は長男が受け取る。答えを式で書くと、Nuc(750;(800,600,200))=(350,300,100) となる。

図的解法

ヘッド法やレベリング法と同様にプレイヤー1、2、3 用に高さの比が 800:600:200=4:3:1、幅が同じで、面積の総和が 1,600 になるように長方形を描く。しかし、各長方形を上下に二等分し、右図のように上の長方形 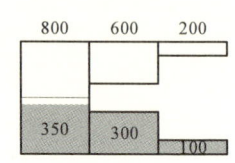 は上辺を、下の長方形は底辺を、水平にそろえる。次に、図の上部から 750 の量の水を注ぐ。各プレイヤーの長方形の中に注がれた水の量が、各プレイヤーに配分される額、350、300、100 となる。

具体的な計算はヘッド法と同様で、右図のようになる。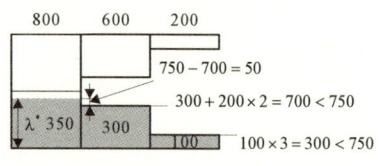

配分すべき資源が要求額の総和の半分(800+600+200)/2=800 よりも大きい例として、配分すべき資源が 950 万円の時の仁を求める。足らない資源の額が(800+600+200)−950=650 万円なので、この 650 万円を、（足らないものを分ける用に）半分に修正した要求額(400,300,100) を使ってヘッド法で分けると、Head(650;(400,300,100))=(275,275,100) となるので、求める仁は

$$\mathrm{Nuc}(950;(800,600,200)) = (800,600,200) - (275,275,100)$$
$$= (525,325,100)$$

となる。

図的解法（続き）

ヘッド法やレベリング法と同様にプレイヤー1、2、3 用に高さの比が 800:600:200=4:3:1、幅が同じで、面積の総和が 1,600 になるように長方形を描

く。しかし、各長方形を上下に二等分し、右図のように上の長方形は上辺を、下の長方形は底辺を、水平にそろえる。次に、図の上部から 950 の量の水を注ぐ。各プレイヤーの長方形の中に注がれた水の量が、各プレイヤーに配分される額、525、325、100 となる。

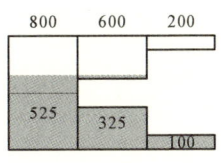

灰色の部分に着目せずに、白色の部分に着目する。長方形の内部の白い部分は足らないもの 1600−950=650 であり、(この図を上下方向に反対に見れば) これをヘッド法で配分し、自分の要求額からこの足らないものの配分を引いたものが灰色の部分となっている。従って、上述の灰色の部分に焦点を当てた図的解法は正しい。

具体的な計算は右図のようになる。

仁の定義を式で書けば、次のようになる。

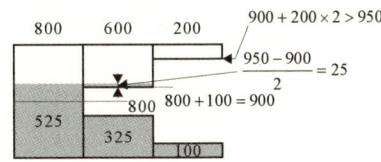

$$\mathrm{Nuc}_j(E;d) := \mathrm{Nuc}_j^{\lambda^*}(E;d)\,(\forall j \in N)$$

ただし、$E \leq \dfrac{1}{2}\sum_{i \in N} d_i$ の時、$\mathrm{Nuc}_j^\lambda(E;d) := \min\left\{\lambda, \dfrac{d_j}{2}\right\}(\forall j \in N)$ であり、

$E \geq \dfrac{1}{2}\sum_{i \in N} d_i$ の時、$\mathrm{Nuc}_j^\lambda(E;d) := d_j - \min\left\{\lambda, \dfrac{d_j}{2}\right\}(\forall j \in N)$ であり、

$\sum_{j \in N} \mathrm{Nuc}_j^{\lambda^*}(E;d) = E$ となるように λ^* を定める。

例 (瓶詰め洋ナシの加工)

(95;(100,60,50,30,10)) に仁を適用する。
右図より、
Nuc(95;(100,60,50,30,10))=(25,25,25,15,5) となる。

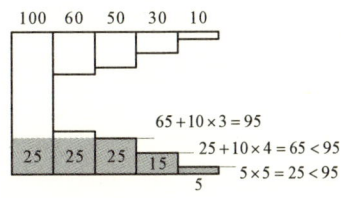

また、(95;(100,40,20,50,30,10)) に仁を適用する。下図より、

$$\mathrm{Nuc}(95;(100,40,20,50,30,10)) = \left(22\dfrac{1}{2}, 20, 10, 22\dfrac{1}{2}, 15, 5\right)$$ となる。

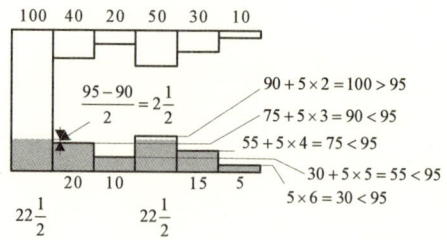

例（ひもじい犬のえさ）

(18;(20,15,3,2,2)) に仁を適用する。右図より

$$\text{Nuc}(18;(20,15,3,2,2)) = \left(7\frac{1}{4}, 7\frac{1}{4}, 1\frac{1}{2}, 1, 1\right)$$

となる。

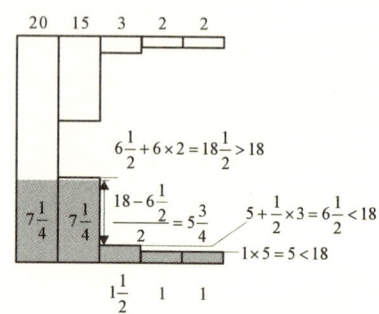

シャープレイ値 (Sh)

シャープレイ値では、基本的な考え方において、物が分けるべき資源の750万円であり、ものが3人の子供たちが順番に到着する各順列である。ただし、到着した先着順に自分の要求額をもらうこととする。もし、自分が到着した時に残っている資源の量が自分の要求額に満たない場合は、この残りをすべてもらうとする。先に到着した方が明らかに有利であるが、可能な到着順（順列）を等しく扱い、各プレイヤーがもらう利得を平均することによって、公平性を保つ。

右の表において、到着順は左のプレイヤーから到着するとする。例えば、213

到着順	長男 (1)	次男 (2)	三男 (3)
123	750	0	0
132	750	0	0
213	150	600	0
231	0	600	150
312	550	0	200
321	0	550	200
合計	2,200	1,750	550
Sh (合計/6)	$366\frac{2}{3}$	$291\frac{2}{3}$	$91\frac{2}{3}$

は最初にプレイヤー2（次男）が到着し、自分の要求額600万円をもらい、次に、プレイヤー1が到着し、自分の要求額の750万円が残っていないので、残

りの 150 万円を全部もらう。最後に到着したプレイヤー3 は何ももらえない。3 人の順列は 6 通りあり、それらによる受け取る額を平均したものがシャープレイ値である。

表よりシャープレイ値は $\mathrm{Sh}(750;(800,600,200)) = \left(366\frac{2}{3}, 291\frac{2}{3}, 91\frac{2}{3}\right)$ となる。

シャープレイ値の定義を式で書けば次のようになる。

$$\mathrm{Sh}_j(E;d) \coloneqq \frac{1}{n!}\sum_{\pi \in \Pi} f_j^\pi(E;d)$$

$$f_j^\pi(E;d) \coloneqq \min\left\{d_j, \max\left\{0, E - \sum_{i:\pi(i)<\pi(j)} d_i\right\}\right\}$$

ただし、Π は $n!$ 通りの順列の集合であり、その要素 π において $\pi(i)$ はプレイヤー i が到着した順番を表す。

例（おばあさんの栗の木）

4 人以上のシャープレイ値を上記のように手計算で求めるのは困難である。パソコン等を利用して計算すると、

$\mathrm{Sh}(15;(10,7,5,3,1)) = \left(5\frac{13}{15}, 3\frac{19}{20}, 2\frac{19}{20}, 1\frac{7}{10}, \frac{8}{15}\right)$ となる。

タウ値（Tau）

タウ値は、資源の量が少ない場合、要求額の多いプレイヤーへの配分を減らすように修正された比例配分法である。計算方法はやや面倒である。

（A）分けるべき資源の量が（要求額の総和の半分よりも）小さい場合と、

（B）（要求額の総和の半分よりも）大きい場合に分けて説明する。

（A）分けるべき資源の量が（要求額の総和の半分よりも）小さい場合

このほら吹き父さんの遺産相続の例は資源の量 750 万円が要求額の総和の半分(800+600+200)/2=800 よりも小さいので、（A）に入るので、この例を利用して説明する。まず、各プレイヤーの要求額で資源の量 750 万円よりも大きい部分は無視する。すなわち、要求額を(750,600,200)のように修正する。この修正された要求額を利用して、比例配分法により配分する。

$$\text{Prop}(750;(750,600,200)) = \left(362\frac{28}{31}, 290\frac{10}{31}, 96\frac{24}{31}\right)$$

もとの要求額が一番大きいプレイヤー（長男）を除き、元の要求額の半分とこれらを比較する。

（ア）この比例配分法による配分の方がともにもとの要求額の半分より小さいか等しい場合：この比例配分法による配分がタウ値となる。（今の例の場合、$290\frac{10}{31} \leq \frac{600}{2}, 96\frac{24}{31} \leq \frac{200}{2}$ となるので、この場合に当たる）すなわち、

$$\text{Tau}(750;(800,600,200)) = \left(362\frac{28}{31}, 290\frac{10}{31}, 96\frac{24}{31}\right)$$

（イ）（ア）が成立しない場合：もとの要求額が一番大きいプレイヤー以外は元の要求額の半分をもらい、もとの要求額が一番大きいプレイヤーは残りをもらう。この（イ）の場合の例として破産問題(33;(40,20,10))のタウ値を求める。$33 < 35 = \frac{40+20+10}{2}$ である。$\text{Prop}(33;(33,20,10)) = \left(12\frac{2}{7}, 10\frac{10}{21}, 5\frac{5}{21}\right)$、

$10\frac{10}{21} > \frac{20}{2}, 5\frac{5}{21} > \frac{10}{2}$ より、最大の元の要求額 40 を持つプレイヤー1 以外は元の要求額の半分をもらい、プレイヤー1 は残りをもらう。すなわち、Tau(33;(40,20,10))=(33−(10+5),10,5)=(18,10,5) となる。

（B）分けるべき資源の量が（要求額の総和の半分よりも）大きい場合

足らない額を（A）を適用してタウ値で分け、それにより資源の配分を求める。例として、破産問題(37;(40,20,10))のタウ値を求める。37>35=(40+20+10)/2 である。足らない額は(40+20+10)−37=33 であり、タウ値はTau(33;(40,20,10))=(18,10,5)であった。資源 37 の配分に戻すと、Tau(37;(40,20,10))=(40,20,10)−(18,10,5)=(22,10,5) となる。

タウ値の定義を式で書けば、次のようになる。

$E \leq \frac{1}{2}\sum_{i \in N} d_i$ の時

$$\text{Tau}_j(E;d) := \min\left\{\text{Prop}_j(E;d'), \frac{1}{2}d_j\right\}(\forall j \in N - \{\bar{K}\})$$

$$\text{Tau}(E;d)_{\bar{K}} := E - \sum_{j \in N - \{\bar{K}\}} \text{Tau}_j(E;d)$$

ただし、$d_{\bar{K}} := \max\{d_j \mid j \in N\}, d' := (d'_1, ..., d'_n), d'_j := \min\{d_j, E\}$ である。

$E \geq \frac{1}{2}\sum_{i \in N} d_i$ の時

$$\text{Tau}_j(E;d) = d_j - \text{Tau}_j\left(\sum_{i \in N} d_i - E; d\right)(\forall j \in N)$$

例（台風被害）

$(E;d)=(1500;(500,400,300,300,200,100))$ のタウ値を求める。
$1500>900=(500+400+300+300+200+100)/2$ であるので、まず、足らない額 $D=1800-1500=300$ をタウ値で分ける。$d'=(500,400,300,300,200,100)$、

$\text{Prop}(D;d') = (60,60,60,60,40,20) \leq \frac{1}{2}d$ より、$\text{Tau}(D;d) = (60,60,60,60,40,20)$

である。従って、

$$\text{Tau}(E;d) = (500,400,300,300,200,100) - (60,60,60,60,40,20)$$
$$= (440,340,240,240,160,80)$$

である。

次に、最後の2人のプレイヤーが配分額160と80を持ち寄って再配分する問題$(E;d)=(240;(200,100))$のタウ値を求める。$240>150=(200+100)/2$ より、まず、足らない方の問題$(D;d)=(60;(200,100))$のタウ値を求める。$d'=(60,60)$、

$\text{Prop}(D;d') = (30,30) \leq \frac{1}{2}d$ より、$\text{Tau}(D;d)=(30,30)$、従って、

$\text{Tau}(E;d)=(200,100)-(30,30)=(170,70)$となる。再配分前の配分$(160,80)$と異なっている。（後述するように、タウ値は一対一貫性を満たさない。）

例（ひもじい犬のえさ）

$(E;d)=(18;(20,15,3,2,2))$ のタウ値を求める。$18<21=(20+15+3+2+2)/2$ である。

$d' = (18,15,3,2,2)$、$\text{Prop}(E;d') = \left(8\frac{1}{10}, 6\frac{3}{4}, 1\frac{7}{20}, \frac{9}{10}, \frac{9}{10}\right) \leq \frac{1}{2}d$ より、

$$\text{Tau}(E;d) = \left(8\frac{1}{10}, 6\frac{3}{4}, 1\frac{7}{20}, \frac{9}{10}, \frac{9}{10}\right)$$ である。

以上で例を通じて6つの配分方法（比例配分法、ヘッド法、レベリング法、仁、シャープレイ値、タウ値）の計算法を示した。2人ゲームの時、仁とシャープレイ値とタウ値は一致する。しかし、3人以上のゲームでは一般的に異なる。従って、仁とタウ値とシャープレイ値は3人以上のゲームへの異なる拡張と見なすことができる。

次にこれらの解が持ついくつかの性質を紹介する。その性質とは「優先法（priority method）として解釈できるか否か」「一対一貫性（pairwise consistency）」「自己双対性（self-duality）」「防共謀性（collusion-proofness）」である。

優先法（priority method）

上記の配分方法の説明において資源を一度に配分すると考えていた。しかし、われわれは物を配分するときにある基準にもとづき（例えば、その時点で最も必要な人に）1つずつ配分することがある。優先法とはそのように解釈できる配分方法のことである。すなわち、「プレイヤーの要求額と現在そのプレイヤーに配分されている資源の額のみに依存して決まる優先度が与えられていて、追加の資源をその時の優先度が一番高いプレイヤーに配分する」[3]という方法である。

比例配分法、ヘッド法、レベリング法、仁の図的解法を再掲する。

この図的解法において、灰色の水面の上下方向の座標が優先度を現し、下の方が優先度が高いように描かれている、図の上方から水を入れ

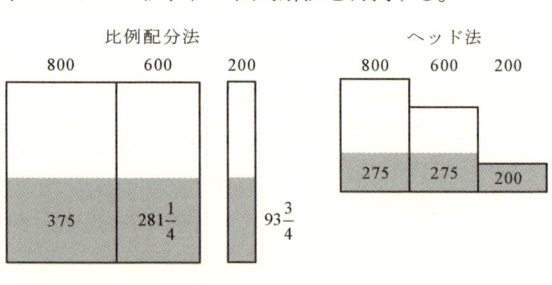

---

[3] 資源が連続量であるので、正確に言えば、優先度をなるべく等しくするように配分する。すなわち、優先度の最大値を小さくしていくように配分する。

てこの図が描かれたと解釈すれば、比例配分法、ヘッド法、レベリング法、仁が優先法であることがうなずける。

各配分法における要求量 d のプレイヤーが x の配分を受けている時の優先度 $r(d,x)$ は右の表のようになる。

配分方法	優先度 $r(d,x)$
比例配分法	$\dfrac{d-x}{d}$
ヘッド法	$\begin{cases} -x & (0 \leq x \leq d) \\ -\infty & (x > d) \end{cases}$
レベリング法	$\begin{cases} d-x & (0 \leq x \leq d) \\ 0 & (x > d) \end{cases}$
仁	$\begin{cases} -x & \left(0 \leq x < \dfrac{d}{2}\right) \\ d-x & \left(\dfrac{d}{2} \leq x \leq d\right) \end{cases}$

一対一貫性（pairwise consistency）

配分方法が一対一貫性を満たすとは、元の問題においてその配分方法により配分された資源を任意の2人で持ち寄り、2人の問題としてその配分方法で再配分しても答えが変わらないことをいう。

優先法は一対一貫性を満たす。実際、図的解法において、任意の2人を決め、それ以外のプレイヤーの棒を消し、灰色の部分の量の水を抜き取り、再度、上から入れると、同じ結果になる。例えば、台風被害 (1500;(500,400,300,300,200,100)) をレベリング法で解くと、Lev=(450,350,250,250,150,50) である。プレイヤー1と6が持ち寄った500を再度レベリング法で配分すると、Lev(500;(500,100))=(450,50) となって、元の配分額と一致する。

式で書けば、配分方法 f が次を満たすとき一対一貫性を満たす、という。

$$f_i\bigl(f_i(E;d)+f_j(E;d);(d_i,d_j)\bigr) = f_i(E;d) \quad (\forall i,j \in N, i \neq j)$$

しかし、シャープレイ値とタウ値は次の反例が示すように、一対一貫性を満たさない（従って、優先法として解釈できない）。

反例：$Sh(750;(800,600,200)) = \left(366\dfrac{2}{3}, 291\dfrac{2}{3}, 91\dfrac{2}{3}\right)$、

$\mathrm{Tau}(750;(800,600,200)) = \left(362\frac{28}{31}, 290\frac{10}{31}, 96\frac{24}{31}\right)$ であった。プレイヤー1と2が再配分を行うと、$\mathrm{Sh}\left(658\frac{1}{3};(800,600)\right) = \left(358\frac{1}{3}, 300\right) \neq \left(366\frac{2}{3}, 291\frac{2}{3}\right)$、$\mathrm{Tau}\left(653\frac{7}{31};(800,600)\right) = \left(353\frac{7}{31}, 300\right) \neq \left(362\frac{28}{31}, 290\frac{10}{31}\right)$ となり、一対一貫性を満たさない。

シャープレイ値を例に取る。3人ゲームにおいて $291\frac{2}{3}$ を得ているプレイヤー2は、プレイヤー1との2人ゲームの結果 $\left(358\frac{1}{3}, 300\right)$ をもとに、プレイヤー1に利得 $366\frac{2}{3}$ から少しの額をプレイヤー2へ渡すように要求するかもしれない。しかし、プレイヤー1はこの要求に3人ゲームの結果をもとに単純には応じないであろう。このように一対一貫性が成り立たない場合、内部で配分に対する合意が得られない可能性がある。一方、一対一貫性が満たされる配分方法にはこのようなことは起こらない。

自己双対性 (self-duality)

レベリング法はヘッド法の双対配分法であった。（同じことであるが、ヘッド法はレベリング法の双対配分法であった。）すなわち、レベリング法（ヘッド法）で資源を分けることは、足らない分をヘッド法（レベリング法）で分けて、資源の配分を求めることであった。ある配分方法が自己双対的であるとは「その方法が自分自身の双対配分法である」ことである。

式で書くと、ある配分法 f が次を満たすとき、自己双対的であるという。

$$f^* = f \text{ の時、すなわち、} f(E;d) = d - f\left(\sum_{j \in N} d_j - E; d\right)$$

比例配分法、仁、シャープレイ値、タウ値は自己双対性を満たす。比例配分法と仁に関しては、その図的解法により、資源（灰色の部分）と足らない分

（白色の部分）をその解法により同じように配分しているので、自己双対的であることが見て取れる。例えば、ほら吹き父さんの遺産相続(750;(800,600,200))において仁はNuc=(350,300,100)であった。足らない物
$(800+600+200)-750=850$ を仁で分けると
Nuc(850;(800,600,200))=(450,300,100)となり、
$(800,600,200)-(450,300,100)=(350,300,100)$ となっている。

防共謀性（collusion-proofness）

ある配分方法が防共謀性を持つとは「複数のプレイヤーが集まって、その要求額をまとめ、1人のプレイヤーのように偽って振舞う、または、1人のプレイヤーがその要求額を分けて、複数のプレイヤーのように偽って振舞うことが得にならない」ことをいう。

式で書けば、ある配分方法が次を満たす時、防共謀性を満たす、という。

$$f_1(E;(d_1+d_2,d_3,...,d_n)) = f_1(E;(d_1,d_2,d_3,...,d_n)) + f_2(E;(d_1,d_2,d_3,...,d_n))$$

比例配分は防共謀性を満たす。例えば、瓶詰め洋ナシの加工 $(95;(100,60,50,30,10))$ を比例配分法で解くと $\text{Prop}=\left(38,22\frac{4}{5},19,11\frac{2}{5},3\frac{4}{5}\right)$ であった。プレイヤー2が要求額60を40と20に分けると
$\text{Prop}(95;(100,40,20,50,30,10)) = \left(38,15\frac{1}{5},7\frac{3}{5},19,11\frac{2}{5},3\frac{4}{5}\right)$ となり、配分額は $22\frac{4}{5}=15\frac{1}{5}+7\frac{3}{5}$ で変わらない。しかし、次の反例が示すように、ヘッド法、レベリング法、仁、シャープレイ値、タウ値は防共謀性を満たさない。

反例： 破産問題(40;(30,20,10))において、Head=(15,15,10)、$\text{Lev}=\left(\frac{70}{3},\frac{40}{3},\frac{10}{3}\right)$、$\text{Nuc}=\left(\frac{45}{2},\frac{25}{2},5\right)$、$\text{Sh}=\left(\frac{65}{3},\frac{35}{3},\frac{20}{3}\right)$、Tau=(22,12,6)である。プレイヤー2と3が1人のプレイヤーになると破産問題(40;(30,30))となり、すべての解が(20,20)

となる。15+10>20、$\frac{40}{3}+\frac{10}{3}<20$、$\frac{25}{2}+5<20$、$\frac{35}{3}+\frac{20}{3}<20$、12+6<20 であるので防共謀性は満たされない。一般的に、ヘッド法では1人のプレイヤーが複数のプレイヤーのように振舞う方が有利であり、レベリング法では複数のプレイヤーが集まって1人のプレイヤーのように振舞う方が有利である。

結果を表としてまとめると次のようになる。○はその性質を満たすこと、×は満たさないことを示す。

比例配分法はここで考察したすべての性質を満足する望ましい配分方法であり、その意味で、日常生活でよく利用されている。しかし、後で述べ

配分方法	優先法、一対一貫性	自己双対性	防共謀性
比例配分法	○	○	○
ヘッド法	○	×	×
レベリング法	○	×	×
仁	○	○	×
シャープレイ値	×	○	×
タウ値	×	○	×

るように、この比例配分法はもう少し複雑で一般的な場合（部分提携が力を持つ提携形ゲーム）には単純に適用できない。

配分法の間の配分量の関係

比例配分法とその他の配分方法において、最小及び最大の要求額を持つプレイヤーへの配分額の大小関係は次のようになる。

1. ヘッド法は、比例配分法に比べ、最も要求額が小さいプレイヤーを優遇し、最も要求額が大きいプレイヤーを冷遇する。
2. レベリング法は、比例配分法に比べ、最も要求額が小さいプレイヤーを冷遇し、最も要求額が大きいプレイヤーを優遇する。
3. 資源の量が要求額の総和の半分以下の場合、仁は、ヘッド法と同様に、比例配分法に比べ、最も要求額が小さいプレイヤーを優遇し、最も要求額が大きいプレイヤーを冷遇する。
4. 資源の量が要求額の総和の半分以上の場合、仁は、レベリング法と同様に、比例配分法に比べ、最も要求額が小さいプレイヤーを冷遇し、最も要求額が大きいプレイヤーを優遇する。

5. 資源の量が要求額の総和の半分以下の場合、タウ値は、比例配分法に比べ、資源を越えない要求額を持つプレイヤーを優遇し、最も要求額が大きいプレイヤーを冷遇する。

6. 資源の量が要求額の総和の半分以上の場合、タウ値は、比例配分法に比べ、自分以外の他のプレイヤーがその要求額を持っていったときに何も残らないプレイヤーを冷遇し、最も要求額が大きいプレイヤーを優遇する。

また、資源の量が要求額の総和の半分以下の場合の仁とタウ値に関して次が成り立つ。

7. 仁において自分の要求額の丁度半分をもらっているプレイヤーとそうではないプレイヤーに分かれる。後者に属するプレイヤーは全員同じ額を配分される。また、自分の要求額の丁度半分をもらっているプレイヤーよりも要求額が等しいか少ないプレイヤーは自分の要求額の丁度半分をもらう。

8. タウ値において資源の量よりも少ない要求額を持つプレイヤーたちが受け取る額の比は要求額の比に等しい。

資源の量以上の要求額を持つプレイヤーが1人の場合、そのプレイヤーが受け取る額は他のプレイヤーが受け取る額よりも大きい。

資源の量以上の要求額を持つプレイヤーが2人以上の場合、そのプレイヤーたちの要求額を資源の量に変更し、比例配分したものがタウ値となる。

資源の量以上の要求額を持つプレイヤーが受け取る額は等しく、また、すべてのプレイヤーは自分の要求額の半分未満しかもらえない。

7より、仁は要求額が大きいプレイヤーにはなるべく均等に配分する。8よりタウ値は修正後の要求額になるべく比例して配分する。

この一部を今までに出てきた例を利用してチェックしてみる。3. ほら吹き父さんの遺産相続の例では、Nuc=(350,300,100)、$\mathrm{Prop} = \left(375, 281\frac{1}{4}, 93\frac{3}{4}\right)$ より、

三男は仁において100万円もらうが、比例配分では$93\frac{3}{4}$万円であり、仁の方が大きい。長男は仁において350万円もらうが、比例配分では375万円であり、

仁の方が小さい。4. 除雪の例では、Nuc $= \left(1\frac{1}{2}, 2\frac{3}{8}, 4\frac{3}{8}, 5\frac{3}{8}, 8\frac{3}{8}\right)$、

Prop $= \left(2\frac{1}{5}, 2\frac{14}{15}, 4\frac{2}{5}, 5\frac{2}{15}, 7\frac{1}{3}\right)$ より、最小の間口の家は仁において $1\frac{1}{2}$ m 除雪されるが、比例配分では $2\frac{1}{5}$ m であり、仁の方が小さい。最大の間口の家は仁において $8\frac{3}{8}$ m であるが、比例配分では $7\frac{1}{3}$ m であり、仁の方が大きい。5. ひもじい犬のえさの例では、Tau $= \left(8\frac{1}{10}, 6\frac{3}{4}, 1\frac{7}{20}, \frac{9}{10}, \frac{9}{10}\right)$、

Prop $= \left(8\frac{4}{7}, 6\frac{3}{7}, 1\frac{2}{7}, \frac{6}{7}, \frac{6}{7}\right)$ より、タウ値において超小型犬は $\frac{9}{10}$ kg の肉をもらうが、比例配分では $\frac{6}{7}$ kg であり、タウ値の方が大きい。中型犬は $6\frac{3}{4}$ kg もらうが、比例配分では $6\frac{3}{7}$ kg であり、タウ値の方が大きい。一方、大型犬は $8\frac{1}{10}$ kg をもらうが、比例配分では $8\frac{4}{7}$ kg であり、タウ値の方が小さい。7. ひもじい犬のえさの例で仁において、Nuc $= \left(7\frac{1}{4}, 7\frac{1}{4}, 1\frac{1}{2}, 1, 1\right)$ より、大型犬と中型犬は同じ量の肉をもらい、小型犬と超小型犬は要求量の半分をもらう。8. ひもじい犬のえさの例でタウ値において、Tau $= \left(8\frac{1}{10}, 6\frac{3}{4}, 1\frac{7}{20}, \frac{9}{10}, \frac{9}{10}\right)$ より、どの犬も自分の要求額の半分をもらっていないが、中型犬、小型犬、超小型犬がもらう肉の量は、それらの要求額に比例する。大型犬のもらう肉の量は中型犬の量よりも大きい。

　今述べた配分量の関係を式で書くと次のようになる。
$d_{\underline{K}} := \min\{d_j \mid j \in N\}, d_{\bar{K}} := \max\{d_j \mid j \in N\}$ とおく。

1 と 2. $\mathrm{Lev}_{\underline{K}}(E;d) \leq \mathrm{Prop}_{\underline{K}}(E;d) \leq \mathrm{Head}_{\underline{K}}(E;d)$
$\mathrm{Head}_{\bar{K}}(E;d) \leq \mathrm{Prop}_{\bar{K}}(E;d) \leq \mathrm{Lev}_{\bar{K}}(E;d)$

3. $0 \leq E \leq \dfrac{\sum_{j \in N} d_j}{2}$ ならば、 $\begin{array}{l}\mathrm{Prop}_{\underline{K}}(E;d) \leq \mathrm{Nuc}_{\underline{K}}(E;d) \\ \mathrm{Nuc}_{\bar{K}}(E;d) \leq \mathrm{Prop}_{\bar{K}}(E;d)\end{array}$ である。

4. $\dfrac{\sum_{j \in N} d_j}{2} \leq E \leq \sum_{j \in N} d_j$ ならば、 $\begin{array}{l}\mathrm{Nuc}_{\underline{K}}(E;d) \leq \mathrm{Prop}_{\underline{K}}(E;d) \\ \mathrm{Prop}_{\bar{K}}(E;d) \leq \mathrm{Nuc}_{\bar{K}}(E;d)\end{array}$ である。

5. $0 \leq E \leq \dfrac{\sum_{j \in N} d_j}{2}$ とする。 $d_j \leq E$ ならば、 $\mathrm{Tau}_j(E;d) \geq \mathrm{Prop}_j(E;d)$ である。
また、 $\mathrm{Tau}_{\bar{K}}(E;d) \leq \mathrm{Prop}_{\bar{K}}(E;d)$ である。

6. $\dfrac{\sum_{j \in N} d_j}{2} \leq E \leq \sum_{j \in N} d_j$ とする。 $E - \sum_{i \in N-\{j\}} d_i \leq 0$ ならば、

$\mathrm{Tau}_j(E;d) \leq \mathrm{Prop}_j(E;d)$ である。また、 $\mathrm{Tau}_{\bar{K}}(E;d) \geq \mathrm{Prop}_{\bar{K}}(E;d)$ である。

7. $0 \leq E \leq \dfrac{\sum_{j \in N} d_j}{2}$ とする。ある $j^*(\in N)$ と λ^* が存在し

$\mathrm{Nuc}_j(E;d) = \begin{cases} \lambda^* & (d_j > d_{j^*}) \\ \dfrac{1}{2} d_j & (d_j \leq d_{j^*}) \end{cases}$

8. $0 \leq E \leq \dfrac{\sum_{j \in N} d_j}{2}$ とする。 $d_i \leq E, d_j \leq E$ ならば、 $\dfrac{\mathrm{Tau}_i(E;d)}{\mathrm{Tau}_j(E;d)} = \dfrac{d_i}{d_j}$ である。

$|\{j \in N \mid d_j \geq E\}| = 1$ ならば、 $\mathrm{Tau}_{\bar{K}}(E;d) > \mathrm{Tau}_j(E;d)\,(j \neq \bar{K})$ である。

$|\{j \in N \mid d_j \geq E\}| \geq 2$ ならば、 $\mathrm{Tau}(E;d) = \mathrm{Prop}(E;d')$ 、

$\text{Tau}_i(E;d) = \text{Tau}_j(E;d) \left(d_i \geq E, d_j \geq E \right)$、$\text{Tau}_j(E;d) < \frac{1}{2} d_j \ (j \in N)$ である。

「どの解を使うべきか？」に対して明確な答えはなく、「参加者が合意した解を使えばよい」である。しかし、それぞれの解の定義とそれが満たす性質などから基本的な方針は伺える。それをまとめたのが次の表である。

	求められる性質	望ましい解
1	防共謀性	比例配分法
2	有る物の均等化	ヘッド法
3	足らない物の均等化	レベリング法
4	先着順サービスの平準化	シャープレイ値
5	自己双対性、一対一貫性 資源が少ない場合（多い場合）、比例配分に比べ、最小の要求額を持つプレイヤーを優遇（冷遇）し、最大の要求額を持つプレイヤーを冷遇（優遇）する。要求額が大きいプレイヤーにはなるべく均等に配分する。	仁
6	自己双対性 資源が少ない場合（多い場合）、比例配分に比べ、要求額が資源の量を超えないプレイヤーを優遇し（自分以外の他のプレイヤーがその要求額を持っていったときに何も残らないプレイヤーを冷遇し）、最大の要求額を持つプレイヤーを冷遇（優遇）する。修正後の要求額になるべく比例して配分する。	タウ値

「瓶詰め洋ナシの加工」は1より比例配分法を適用し、「除雪」は2よりヘッド法を適用し、「台風被害」は3よりレベリング法を適用し、「おばあさんの栗の木」は4よりシャープレイ値を適用し、「ほら吹き父さんの遺産相続」は5より仁を適用し、「ひもじい犬のえさ」は6よりタウ値を適用した。

2章　提携形ゲーム

　グループ全体で得た利益をグループ内で配分する場合、その配分量の決定にグループ内の各部分提携が大きな影響を与える状況が存在する。このような配分問題を扱うのが提携形ゲームであり、様々な解が提出されている。この章ではそのいくつかを紹介する。後で述べるように、前章で扱った破産問題は部分提携が特別なタイプの影響を与える提携形ゲームとみなせる。

パート1：例題編

　わが村の例を挙げて、いろいろなケースを考えてみよう。

例1：不便なタクシー

　村は JR の駅から 10km ほどの山道だが、交通手段がない。駅には3台の個人タクシーがあるので、それを利用するのだが、その駅からは、ずっと遠くの港、その駅周辺の町の地区と距離に差がある。タクシーは基本的には、走行距離によって料金が決まるが、大型、中型、小型によって初乗り料金とその後の料金が違う。駅の3台のタクシーは、大型、中型、小型で、利用者はあまりいなくて、たいてい3台が待っている。タクシー乗り場にはタクシーが来た順に並んでいるので、利用者は選べない。近距離で安く済ませたくても、大型に乗らなければならなかったり、荷物が多いのでゆったりと座りたくても、小型に乗ったり、ということがある。3台ともそこにいるのに、である。利用者は、不便なので、あまり利用しない。それぞれのタクシーの売上は当然低迷していた。ある日客の不満を聞いた大型タクシーの運転手が、小型タクシーの運転手に話を持ちかけた。「近いところのお客さんを運ぶときは、お宅の小型がいいから、たとえうちの順番でも代わってあげる。その代わり、ちょっと遠いところに行くお客さんなら、うちにまわしてもらうということにしませんか？　もちろんお客さんの要望を聞いた上でのことだけど。」小型のタクシーは、同意して両者が手を結び、待機順より利用者の要請を重視

することにした。大型・小型提携のことを積極的に宣伝した甲斐あって、両者の合計売上額は予想以上に伸びた。だが、大型の運転手はなんだか以前に比べて、出番が少なくなったような気がしていた。そんな時、中型の運転手から「お宅たちがお客の融通をし合ってからというもの、うちはなんだか仲間はずれみたいでいやだね。小型より中型のうちと提携しないかい」という誘いがあった。大型は試みに中型と提携してみた。すると、提携してもしなくてもあまり売り上げに変化がない。大型は、「こんなことなら小型と提携しておけばよかった」と思っていた矢先、小型が、中型に言った「大型・中型提携は、あんまり効果ないね。大型も中型も値段も乗り心地も大して変わらないから。でも、うちと提携するとお客さんは大型に乗るよりなんだか節約できたような気がして効果的だと思う」と。それで中型と小型も提携してみた。単独では大型は、1日1万円、中型は、1日8千円、小型は1日5千円であるが、大型・中型提携では1日2万2千円、大型・小型提携では1日2万5千円、中型・小型提携では1日2万円であった。ただお客から見てどことどこが提携をしているのかが分かりにくく、混乱を招いた。その解消と、やはり売上が上がることがはっきりしてきたので、3人全員が提携することになった。すると、大型・中型・小型提携では1日5万円になった。車を効率よく使用でき、利用客が結果的に増えた。それに運転手のいがみ合いがなくなり、客とのトラブルもなくなった。だが、どう分配するかの問題が残った。

　大型「提携前の単独での売り上げがあるのだから、その比率で5万円を分ければいい」

　小型「でも、二車両が提携したことは、参考資料として考慮すべきじゃないですか」

　中型「単独での売り上げ分は、まず皆確保して、5万円からその取り分を引いた残りを三等分するのがいいと思う」

　大型「そうするのなら、残りの分は単独での売り上げの比率で分けなければいけない」

　小型「単独の売り上げの比率で、まず二車両の提携売り上げを分ける。すると各車両につき二通り出てくるから。金額の大きいほうをとる。その金額の

比率で5万円を分配するというのはどうだろう」

中型「なんだか難しそうだ。まず提携する以前に一人で稼いでいた分だけは確保したい。その後提携によって増えた分を単独の比率で分けるのがいい。」
分配の方法はいくつも考えられ、方法しだいではかなり受け取る金額が変わるので、みんな簡単に譲ることができそうもない。

数理的見方

この問題は各部分グループが生む利得をもとにして、全員で得た利益をいかに分けるか？を考察する提携形ゲームとみなせる。この提携形ゲームの基本的な解であるシャープレイ値とそれに関連する解を紹介する。

すべてのプレイヤーが順番に到着する。例えば、中型の次に大型が到着した時、大型は、中型のみの提携に自分が到着することにより大型・中型提携が出来たので提携値の増分（限界提携値）22 − 8 = 14 千円を自分の取り分としてもらう。すべての順列が等確率で起こると仮定した時のこの限界提携値の期待値が**シャープレイ値**（51ページの「シャープレイ値」を参照）である。実際に求めると（53ページの「例（不便なタクシー）」を参照）、大型、中型、小型の順に、各々、19千円、15.5千円、15.5千円となる。このシャープレイ値は「ゲームの参加人数が大きくなるにつれ、任意の2人の間において増分を等分する」という性質をもつ。

中型の最初の意見「単独での売り上げ分は、まず皆確保して、5万円からその取り分を引いた残りを三等分するのがいいと思う」は全体提携値の5万円と1人提携値のみを利用する**EN^{1}AC-値**（69ページの「最小二乗値」の「EN^{k}AC-値」の説明と71ページの「例（不便なタクシー）」を参照）と呼ばれるもので、大型、中型、小型の順に、各々、19千円、17千円、14千円となる。

EN^{1}AC-値と同様な考えに基づき、全体提携値と2人提携値のみを利用する**EN^{2}AC-値**（69ページの「最小二乗値」の「EN^{k}AC-値」の説明と71ページの「例（不便なタクシー）」を参照）を求めると、大型、中型、小型の順に、各々、19千円、14千円、17千円となる。

シャープレイ値は上記のEN^{1}AC-値とEN^{2}AC-値の平均である。また、これ

らの解は「各プレイヤーが自分の貢献をまずもらい、残りを等分する」という構造をもつ。

　大型の2つの意見「提携前の単独での売り上げがあるのだから、その比率で5万円を分ければいい」と「そうする（単独での売り上げ分を、まず、皆で確保する）のなら、残りの分は単独での売り上げの比率で分けなければいけない」と最後の中型の意見「…まず提携する以前に一人で稼いでいた分だけは確保したい。その後提携によって増えた分を単独の比率で分けるのがいい。」はすべて同じことで、5万円を 10:8:5 の比で分けることを意味する。1人提携の提携値の比率で全体（3人）提携の提携値を比例配分するのではなく、まず、2人提携の提携値を比例配分する。例えば、大型・中型提携の提携値 22 を各々の1人提携値の比 10:8 で分けると、大型 $12\frac{2}{9}$、中型 $9\frac{7}{9}$ となる。全体（3人）提携の提携値 50 を分ける時に大型と中型がもらう額の比はこの $12\frac{2}{9} : 9\frac{7}{9}$ となるようにする。他のペアのプレイヤーに関しても同様である。このように「ゲームの参加人数が大きくなるにつれ、任意の2人の間において増分を比例配分する」のが**比例配分値**（80 ページの「比例配分値」と 82 ページの「例（不便なタクシー）」を参照）である。実際に求めると、大型、中型、小型の順に、各々、21.1…千円、15.6…千円、13.3…千円となる。

　2人の間の配分においては「各人の取り分をまず確保して、残りを等分、または、比例配分すべきだ」が最も基本である。この考えを拡張した「ゲームの参加人数が大きくなるにつれ、任意の2人の間において増分を等分する、または、比例配分する」解が、各々、シャープレイ値と比例配分値である。従って、提携の規模が増えることによる増分を、均等に分けるべきであるならばシャープレイ値を、または、比例配分すべきであるならば比例配分値を適用するのが望ましい。

例2：運搬アルバイト

　村には漁港があって日本海の海の幸が漁期にはたくさんとれ

る。村の人々の中には自家用トラックで、魚の運搬のアルバイトをする人がいる。Aさんは、農作業も一段落したある日、友達のBさんを誘って村の港から都会の市場に魚を運んだ。Aさんは前に一人でアルバイトをしていたときは、たいてい一日3万円くらいになったので、Bさんと一緒にすることでもっと稼ぐことができるかもしれないと思った。実はBさんも一人でずっとやってきたけれど、2万円くらいが限度だったので、もう少し儲けを増やせるかもしれないと思って、Aさんと組んでみようと思った。魚の積み下ろしの手伝いと、運搬する魚の量などが収入の決め手になる。何度も往復できるものではないし、一度に多くの量を迅速に運ぶことが求められる。二人は、ともに経験があったので割りと楽にできたのだが、収入がいまひとつ予想していたほど伸びずに平均して二人で5万円ほどであった。Aさんは、がっかりして「これでは、組んだ意味がない」といってコンビを解消した。そして次に運転免許を持たない若者Cさんを誘って一緒にすることにした。すると、二人で5万円くらい稼ぐことができたので、大満足だった。というのはCさんはAさんと違って免許がないので一人ではまったく稼げない。取り分はBさんよりずっと少ないだろう、と考えたからだ。その旨を伝えて、AさんがCさんに1万円渡すと、Cさんが「少なすぎると思います。僕が重労働を一手に引き受けたから、あなたは運転だけしていればよかったのじゃないですか。僕はへとへとです」といいながら、それでもしぶしぶ受け取って帰っていった。Cさんは次はBさんと一緒に働くことにした。二人で4万円くらいになったので、Cさんは、「僕は荷の積み下ろしのほか道路に落ちた場合の始末など雑用すべて、Bさんは運転のみ、と貢献は半々ですから僕に2万円もらえますか」というと、Bさんは首を振って「私の自家用トラックを使っていることと、君一人では収入がないことを考慮しなければ公平ではない。それに、半分の2万円なら私は君と組まなくてもいいしね」と言った。三人はその後、一人で仕事をしたり、仕事をしなかったりしていたが、Bさんが、他の二人に対して、三人が組んで運搬の回数を増やすことを提案した。三人が、一緒に仕事をすることで、あまり疲れずに、収入を上げることができ、合計12万円得ることができた。しかし、次にどう分配するかの問題は残った。

■ 数理的見方

「例えば、3人で稼いだ合計12万円を、Aさん、Bさん、Cさんに、各々、2万、2万、8万円ずつ配分したとしよう。自分1人で3万円稼ぐことができるAさんは2万円を手にして3-2=1の不満を持つだろう。また、Cさんは0-8=-8の不満を、AC提携は5-(2+8)=-5の不満を持つだろう。不満の大きい提携A（Aさん）やAC提携は不満を小さくしてもらうことを要求するだろう。こう考えると、不満をなるべく小さくする配分方法が望まれる。」以上のように問題をとらえる。

配分に対する各提携の**不満**を、提携のメンバーが確保できる利益からその配分により提携に配分されている額を引いた量、と定義する。配分を変化させ、各提携の不満をなるべく小さくする。結果として得られる配分が仁である。仁を求めると（56ページの「仁」と61ページの「例（運搬アルバイト）」を参照）、Aさんは$5\frac{1}{3}$万円、Bさんは$4\frac{1}{3}$万円、Cさんは$4\frac{1}{3}$万円となる。

仁との対比のため、シャープレイ値を求めると（54ページの「例（運搬アルバイト）を参照」）、Aさんは5万円、Bさんは4万円、Cさんは3万円となる。

仁とシャープレイ値の最大不満を比べてみる。この仁における最大不満は1人提携の（例えば、Aさん1人からなる提携値3から仁による配分額$5\frac{1}{3}$を引くと）$-2\frac{1}{3}$となり、シャープレイ値による最大不満（例えば、Bさん1人からなる提携値2からシャープレイ値による配分額4を引いた）-2よりも小さい。仁の方がシャープレイ値よりも最大の不満が小さいという意味で望ましい解である。仁は不満の大きい提携の不満をなるべく小さくしていくことを続けていって求まる分け方である。

仁の考えを緩くして、どの提携も自分たちで確保できる利益を配分されている（各提携の不満が0以下である）分け方からなる集合が**コア**である。コア

を求めると（55ページの「コア」と 56ページの「例（運搬アルバイト）」を参照）、12万円の分け方の中で、Aさんは3万円以上8万円以下、Bさんは2万円以上7万円以下、Cさんは0以上7万円以下、をもらえる分け方の集合となる。例えば、Aさんの数値3と8は（1）Aさん1人で3万円稼ぐことができることと、（2）BさんとCさんは2人で4万円稼ぐことができるので12万円からこれを引くとAさんには8万円しか残らないこと、の2つから得られる。一般的に、コアが空集合でない場合、仁はコアの要素である。また、このゲームではシャープレイ値もコアの要素である。

この運搬アルバイトおいて、各提携の不満をなるべく小さくしたいので、仁を解として適用するのが望ましい。

例3：竹細工

村のお年寄りの中には、山に自生している根曲がり竹を利用して、ザルや一輪挿しなどの日用品を作る人がいる。一カ月に一度直売店に出す。材料に事欠かないが、根曲がり竹を山に入って取って来るのは大変なことで、これは村の若い人たちがやってくれる。それから、その竹を作品に使えるように準備して製品にするのを一人ですると、一月に何個も作れない。一月に10個作る松吉と6個作るタケ、3個作る梅子の3人が常連で出荷している。ある日直売店でタケが作るざるの売れ行きがいいという話があった。そしてタケにざる編みを任せ、松吉に材料の竹のカットや編むまでの準備を任せたらどうか、ということになった。松吉は、あまり面白くなかったが、力の要る仕事だから、と引き受けた。松吉とタケが一緒に組んで、その月はざるを20個作ることができた。次の月には、タケが手を傷めたので、休むことになり松吉と梅子が組んで一輪挿しを15個作った。松吉が不在の時にはタケと梅子が一緒にがんばってざると一輪挿しあわせて12個作った。そんなこんなで結局松吉は、二人のために竹の材料の下ごしらえに精を出し、タケはざる、梅子は一輪挿しを作るというところに落ち着いた。3人が一緒に組めば合計30個できた。価格は一律なので売り上げの計算は楽だが、それぞれの取り分は、今までのように、自分が出品したものの売り上げ分をもらうという

わけにいかなくなった。松吉は自分が作っていた竹人形がなくなったけれど、月に竹人形 10 個作っていたときと同じくらいの利益は当然もらいたいと思っている。さらに、三人なら 30 個できるが自分がいなければ 12 個しかできないのだから、増分の 18 個は自分のものではないかとも思う。しかし、残りの二人の意見も気がかりだ。さて、その分配をどうすればいいのだろうか。

数理的見方

松吉の主張を受けて、タケと梅子が同様の主張をすれば、各々、15 と 10 で、合計は 43 となり 30 を超えてしまう。皆が納得するようにそれぞれが譲歩し 30 を分けることが大事である。ここでは比例配分の考えを利用して皆が譲歩するタウ値を紹介する。

タウ値では自分の上限と下限を評価し、上限をもらった時の不足分を上限から下限を引いた量に比例して負担する。各プレイヤーの上限は全体提携に対する限界提携値である。例えば、松吉の上限は全体提携の提携値 30 から自分を除いたタケと梅子の 2 人提携の提携値 12 を引いた 18 である。下限は自分を含む提携で、自分以外にはそのプレイヤーの上限を与えるという仮定のもとで、自分に残る量が最大となる提携を探す。この最大値が下限である。松吉の下限は、結局、自分 1 人の提携値 10 となる。松吉、タケ、梅子の上限は、各々、18、15、10 であり、下限は、各々、10、6、3 となる。上限で分けると 18+15+10=43 となり、13 不足する。これを 18–10=8 と 15–6=9 と 10–3=7 の比で比例配分して負担する。**タウ値**（62 ページの「タウ値」と 64 ページの「例（竹細工）」を参照）を求めると松吉、タケ、梅子の順に、各々、$13\frac{2}{3}$、$10\frac{1}{8}$、$6\frac{5}{24}$ 個分の利益となる。

どの提携も自分たちで確保できる利益を配分されている分け方からなる集合であるコア（56 ページの「例（竹細工）」を参照）を求めると、30 個分の利益の分け方の中で、松吉は 10 個以上 18 個以下、タケは 6 個以上 15 個以下、梅子は 3 個以上 10 個以下、の利益をもらえる分け方である。この竹細工では

タウ値はコアの要素になっている。

仁を求めると（62ページの「例（竹細工）」を参照）松吉、タケ、梅子の順に、各々、$13\frac{3}{4}$、$9\frac{3}{4}$、$6\frac{1}{2}$個分の利益を得る。

この竹細工において、全体提携に対する限界提携値による上限と下限の評価と譲歩量の比例配分を妥当とみなしているので、タウ値が適切であろう。

例4：釣り仲間

村には多くの川があるが、その中でもP川にヤマメがたくさん生息する。その川のほとりに住む三人の住民は、シーズン中には仕事の合間を縫って川に釣りに出かける。釣り歴の長い順に従って、釣果も異なる。一度に30匹釣るA、10匹のB、それに最近はじめたCは3匹である。それぞれあまりにも釣果が違うのだがAが他の二人に釣りを教えているので、三人は連れ立って行って、一つの魚篭に釣れた魚を入れることがおおい。普通は、A、Bの二人だと42匹、A、Cの二人だと40匹、B、Cの二人だと18匹釣れる。ある夏の盛り、いつものように三人連れ立って、川で釣りをした。それぞれがお気に入りのポイントに立ち、合計で50匹釣れた。あまり多く持って帰っても困るし、2匹や3匹しかもって帰れないのも気の毒だから、魚をうまく分けたい。それぞれの力量を反映しながらも、そこそこ平等に分けたいのである。自分の釣った分は自分のもの、というあからさまな成果主義と、それぞれの力量を無視して平等に分ける、の間で答えを見つけたい。

▶ 数理的見方

この釣り仲間においては、自分の利益を追求することよりも、皆で釣りを続けることが大事である。このことを考慮し、ここでは団結値を紹介する。この団結値では（シャープレイ値に比べ）弱いプレイヤーが優遇される。

団結値は、限界提携値の期待値であるシャープレイ値よりもさらに平準化を狙っている。シャープレイ値と団結値の違いは次の通りである。例えば、A

がBの次に到着した時、シャープレイ値では、1人提携Bの提携値10から2人提携ABの提携値20への増分（限界提携値）10をAはもらうが、団結値では、結果の2人提携ABができる他の可能性すべて（ここではAの次にBが到着する1通りだけであり、ABの提携値からAの提携値を引くと20-0=20である）を想定し、それらの限界提携値の平均(10+20)/2=15を、Aはもらう。この平均化により、団結値はシャープレイ値に比べ、弱いプレイヤーは優遇され、強いプレイヤーは冷遇され、もらう利得が平均化される。この平均限界提携値の期待値である**団結値**（67ページの「団結値」と68ページの「例（釣り仲間）」を参照）を求めるとA、B、Cの順に、各々、$23\frac{5}{16}$、$14\frac{17}{36}$、$12\frac{7}{18}$匹となる。

比較として、シャープレイ値を求めると（54ページの「例（釣り仲間）」を参照）A、B、Cの順に、各々、$32\frac{1}{6}$、$11\frac{1}{6}$、$6\frac{2}{3}$匹となる。Aさんの配分はシャープレイ値の方が団結値よりも多く、反対に、Cさんの配分は団結値の方がシャープレイ値よりも多い、ことが分かる。

この釣り仲間の場合、皆で釣りに行ったことを大事にし、なるべく弱いプレイヤー優遇したいので、団結値が適切である。

例5：レジャー施設

村の北にはなだらかな丘陵地帯が広がり、その中の低い山一帯が、レジャー施設になっている。村人が余暇を過ごすためのもので、利用者は年間の施設維持費を負担する会員制である。山の麓から、山頂までには順にA、B、C、D、Eの5つのレストハウスがありその中に、トイレ、レストラン、売店などがあるが、それぞれの施設には以下のような特徴がある。

A・・・文化教室が通年行われ、陶芸、手織り、料理などができる。

B・・・体育施設があり、そこでは屋内、屋外でクライミング、木登りの練習ができる。

C・・・温室があり、植物を鑑賞出来る。
D・・・温泉、露天風呂があり、入浴できる。
E・・・展望台があり、眺望を楽しめる。

村の人は、希望の A から E を選び登録する。複数登録しても良い。ある年の会員数は以下のとおりであった。

A：120人、B：20人、C：40人、D：230人、E：80人

レストハウスの維持管理費の住民負担分は A（50万円）、B（20万円）、C（50万円）、D（100万円）、E（30万円）であった。各会員がどれだけ負担すべきなのかを考える。

数理的見方

このレジャー施設の施設維持費配分問題は提携形ゲームの特別なタイプであり、利用者が多数であるにもかかわらず、シャープレイ値とタウ値が容易に計算できる。

シャープレイ値は各施設を利用した人がその施設の維持費を等分することになる。従って、1人当たりの額は A では $\frac{500000}{120}=4166\frac{2}{3}$ より 4,167 円、B では $\frac{200000}{20}=10000$ より 10,000 円、C では $\frac{500000}{40}=12500$ より 12,500 円、D では $\frac{1000000}{230}=4347\frac{19}{23}$ より 4,348 円、E では $\frac{300000}{80}=3750$ より 3,750 円となる。

タウ値は、まず、1人で利用している施設があればその維持費はその人が払う。残りの維持費は、それらの施設を利用した延べの利用者が、次の数値の比率により比例配分する。ただし、この数値とは、ある利用者がある施設を利用した場合、その施設の維持費である。

このレジャー施設の場合、1人で利用している施設はない。維持費の合計 50+20+50+100+30=250 が比例配分の対象である。A、B、C、D、E を利用している場合、各々、以下の費用を負担する。

$$A: 250 \times \frac{50}{120 \times 50 + 20 \times 20 + 40 \times 50 + 230 \times 100 + 80 \times 30} = 0.3698$$

$$B: 250 \times \frac{20}{120 \times 50 + 20 \times 20 + 40 \times 50 + 230 \times 100 + 80 \times 30} = 0.1479$$

$$C: 250 \times \frac{50}{120 \times 50 + 20 \times 20 + 40 \times 50 + 230 \times 100 + 80 \times 30} = 0.3698$$

$$D: 250 \times \frac{100}{120 \times 50 + 20 \times 20 + 40 \times 50 + 230 \times 100 + 80 \times 30} = 0.7396$$

$$E: 250 \times \frac{30}{120 \times 50 + 20 \times 20 + 40 \times 50 + 230 \times 100 + 80 \times 30} = 0.2219$$

すなわち、Aを利用する人は3,698円、Bを利用する人は1,479円、Cを利用する人は3,698円、Dを利用する人は7,396円、Eを利用する人は2,219円を負担する。

レジャー施設の維持費配分問題であるので、自分が利用していない費用を払う必要はないとみなされる。従って、シャープレイ値が適切と思われる。

例6：レンタル利用

村にいくつも蔵を持っている人がいて、耕運機や除雪機、味噌作りに欠かせないミンサー、餅つき用の臼と杵、こいのぼり、リヤカーを保管していて、近所の 10 軒の人が借りに来る。最初に、何を借りるかを届けてその維持費をレンタル料として支払う。

今年は、耕運機・・・6 軒、除雪機・・・3 軒、大豆ミンサー・・・3 軒、臼と杵・・・8 軒、こいのぼり・・・1 軒、リヤカー・・・2 軒、の届けがあった。

それぞれの器具の維持費は、耕運機（3 万円)、除雪機（6 千円)、大豆ミンサー（9 千円)、臼と杵（3 千円)、こいのぼり（3 千円)、リヤカー（2 千円)である。

各家が負担する金額を算定する。

数理的見方

このレンタル料金の配分問題は、前述のレジャー施設の問題と同様、提携形ゲームの特別なタイプであり、利用者が多数であるにもかかわらず、シャープレイ値とタウ値が容易に計算できる。

シャープレイ値を求めると、耕運機を利用する人は 30,000/6=5,000 円、除雪機を利用する人は 6,000/3=2,000 円、大豆ミンサーを利用する人は 9,000/3=3,000 円、臼と杵を利用する人は 3,000/8=375 円、こいのぼりを利用する人は 3,000 円、リヤカーを利用する人は 2,000/2=1,000 円支払う。

タウ値を求める。こいのぼりは 1 軒のみが利用しているので、その人が 3,000 円を支払う。残りの 30+6+9+3+2=50 千円は次のように負担する。

耕運機： $50 \times \dfrac{30}{6 \times 30 + 3 \times 6 + 3 \times 9 + 8 \times 3 + 2 \times 2} = 5.929$

除雪機： $50 \times \dfrac{6}{6 \times 30 + 3 \times 6 + 3 \times 9 + 8 \times 3 + 2 \times 2} = 1.186$

大豆ミンサー： $50 \times \dfrac{9}{6 \times 30 + 3 \times 6 + 3 \times 9 + 8 \times 3 + 2 \times 2} = 1.779$

臼と杵： $50 \times \dfrac{3}{6 \times 30 + 3 \times 6 + 3 \times 9 + 8 \times 3 + 2 \times 2} = 0.593$

リヤカー： $50 \times \dfrac{2}{6 \times 30 + 3 \times 6 + 3 \times 9 + 8 \times 3 + 2 \times 2} = 0.395$

すなわち、耕運機を利用する人は 5,929 円、除雪機を利用する人は 1,186 円、大豆ミンサーを利用する人は 1,779 円、臼と杵を利用する人は 593 円、リヤカーを利用する人は 395 円負担する。1 軒で利用するこいのぼりの費用を除いて残りの費用を、自分が利用するものの維持費の比率で比例配分する。例えば、耕運機の維持費は 3 万円、リヤカーの維持費は 2 千円であるので、前者を利用する人は後者を利用する人の 15 倍を負担する。

耕運機や除雪機などはいずれも必需品だから、維持費をみんなで負担することが望ましい。村全体で維持していくという観点に立てば、たとえ自分が利

用しないものであっても、それに対し応分の負担が必要なので、タウ値が望ましい。

パート2：解説と計算編

グループ全体で得た利益をグループ内の各部分提携の貢献を考慮して配分しようとするのが提携形ゲームである。以下では、提携形ゲームといくつかの配分方法（解）とその性質を、既出の例を通じて解説する。

提携形ゲーム

プレイヤーの集合を $N:=\{1,2,...,n\}$ とする。N の部分集合を提携と呼ぶ。提携 $S(\subset N)$ のメンバーで得ることができる利得を $v(S)$ で表し、S の提携値と呼ぶ[4]。$v(\emptyset)=0$ と仮定する。N の部分集合から実数へのこの関数 $v: 2^N \to R$ を提携関数、または、特性関数と呼ぶ。プレイヤーの集合 N と提携関数 v の組 (N,v) を提携形ゲームと呼ぶ。提携形ゲームの1つの目標は全体提携 N の提携値 $v(N)$ を部分提携の提携値 $\{v(S) | \forall S \subset N\}$ をもとに公平に分けることである。

提携形ゲームの解

提携形ゲームの次の6つの解；シャープレイ値、仁、タウ値、団結値、最小二乗準仁、ニュー値、を中心に紹介する。また、シャープレイ値とタウ値の簡便計算方法が知られている費用配分問題も紹介する。これらの解は答えが一意に決まる1点解である。その他に1点解ではないコアも紹介する。

全体提携 N が形成され、その提携値 $v(N)$ を全員で公平に分けることが問題である。公平性をはかる基準として登場するのが次の量である。

（配分に対する提携の）不満：「提携値からその提携への配分の和を引いた量」（主に、コアと仁とタウ値と最小二乗値で登場する。）式で書けば、配分 x に対する提携 S の**不満** $e(S,x)$ は $e(S,x) := v(S) - \sum_{j \in S} x_j$ である。ただし、$x = (x_1,...,x_n), x_1 + \cdots + x_n = v(N)$ である。

（プレイヤーの）限界提携値：「最後に自分が加わることによる提携値の

---

[4] 以下では、$v(\{1,3\})$、$v(\{A,B\})$ などを $v(13)$、$v(AB)$ などと略記することがある。

増分」（主に、シャープレイ値と団結値で登場する。）式で書けば、プレイヤーjの提携$S(j \in S)$に対する**限界提携値**は$v(S)-v(S-\{j\})$である。

配分方法を次のように提携形ゲーム全体の集合からこの全体提携値の分け方への関数fで表す。提携形ゲーム(N,v)が与えられれば$v(N)$のfによる配分が次のように得られる。

$$f(N,v) \coloneqq (f_1(N,v),\ldots,f_n(N,v))$$

問題の意味より$\sum_{j \in N} f_j(N,v) = v(N)$が成り立つ。まず、シャープレイ値の定義から始める。

シャープレイ値（Sh）

$$\mathrm{Sh}_j(N,v) \coloneqq \sum_P \frac{1}{n!}\bigl[v(P_j)-v(P_j-\{j\})\bigr]$$

$$= \sum_{T:j \in T \subset N} \frac{(n-t)!(t-1)!}{n!}\bigl[v(T)-v(T-\{j\})\bigr]$$

ただし、1番目の定義式において、Pはすべての順列を動き、P_jはjを含みその左側にいるプレイヤーの集合を表す。提携値は提携の集合のみに依存するので、同じ集合になる順列をまとめて計算すると2番目の定義式になる。前章の破産問題の時と同様に、ランダムにプレイヤーが順番に到着するという想定のもと、各順列において、自分が到着した時の自分の限界提携値をもらう（上図参照）。すなわち、シャープレイ値は限界提携値の期待値（期待限界提携値）とみなせる。後で述べるが、シャープレイ値は他の考えでも定義できる。

プレイヤーjの限界提携値
$v(P_j)-v(P_j-\{j\})$

破産問題$(E;d)$におけるシャープレイ値と破産ゲーム$(N,v_{E;d})$におけるシャープレイ値はもちろん一致する。まず、破産ゲーム$(N,v_{E;d})$は破産問題$(E;d)$から次のようにして得られる。$v_{E;d}(S) \coloneqq \max\left\{0, E-\sum_{j \in N-S}d_j\right\}$

すなわち、提携Sに属さないすべてのメンバーが要求額を持っていった残り（なくなれば0）を提携値とする、控えめな評価である。これより、順列πに

おいてプレイヤー j の後に来たプレイヤーの集合を S とすれば、
$\{i \mid \pi(i) < \pi(j)\} = N - S \cup \{j\}$ であり、

$$v_{E;d}(S \cup \{j\}) - v_{E;d}(S) = \max\left\{0, E - \sum_{i \in N-S \cup \{j\}} d_i\right\} - \max\left\{0, E - \sum_{i \in N-S} d_i\right\}$$

$$= \begin{cases} d_j & \left(E - \sum_{i \in N-S} d_i \geq 0\right) \\ E - \sum_{i \in N-S \cup \{j\}} d_i & \left(E - \sum_{i \in N-S \cup \{j\}} d_i \geq 0 > E - \sum_{i \in N-S} d_i\right) \\ 0 & \left(E - \sum_{i \in N-S \cup \{j\}} d_i < 0\right) \end{cases}$$

$$= \min\left\{d_j, \max\left\{0, E - \sum_{i:\pi(i)<\pi(j)} d_i\right\}\right\}$$

となる。

例(利益の配分)

3人のプレイヤーA、B、Cが共同で事業を行って得た利益を配分しなければならない。それぞれのプレイヤーの貢献度を見積もるために、もし、同様の事業を3人の各部分集合で行った場合の利益も次の表のように与えられている。A、B、Cの3人で得られる利益30をこの表で与えられている貢献度を考慮してどのように配分すべきであろうか[5]。

提携	A	B	C	AB	AC	BC	ABC
提携値	0	10	5	20	10	20	30

シャープレイ値を1番目の定義式に従って計算すると次の表のようになる。

到着順(確率)	A	B	C
ABC(1/6)	$v(A) - v(\emptyset) = 0$	$v(AB) - v(A) = 20$	$v(ABC) - v(AB) = 10$
ACB(1/6)	0	$v(ABC) - v(AC) = 20$	$v(AC) - v(A) = 10$
BAC(1/6)	$v(AB) - v(B) = 10$	$v(B) - v(\emptyset) = 10$	10
BCA(1/6)	$v(ABC) - v(BC) = 10$	10	$v(BC) - v(B) = 10$
CAB(1/6)	$v(AC) - v(C) = 5$	20	$v(C) - v(\emptyset) = 5$
CBA(1/6)	10	$v(BC) - v(C) = 15$	5
Sh(期待値)	$5\frac{5}{6}$	$15\frac{5}{6}$	$8\frac{1}{3}$

---

[5] $v(ABC)=30$ を単純に $v(A)=0, v(B)=10, v(C)=5$ に比例して各プレイヤーに配分すること等が適切な状況もあるだろうが、他のデータ $v(AB)$ 等を利用するのが適切であろう。

各プレイヤーがランダムに到着する時、例えば、Aの到着時にできる提携とその確率は右の表のようになる。

他のプレイヤーの場合も同様であるので、2番目の定義式に従ってシャープレイ値を計算すると、次の表のようになる。

到着順（確率）	A到着時の提携	確率
ABC(1/6)	A	1/3
ACB(1/6)		
BAC(1/6)	AB	1/6
CAB(1/6)	AC	1/6
BCA(1/6)	ABC	1/3
CBA(1/6)		

提携（確率）	A	B	C
1人(1/3)	$v(A)-v(\emptyset)=0$	$v(B)-v(\emptyset)=10$	$v(C)-v(\emptyset)=5$
2人(1/6)	$v(AB)-v(B)=10$	$v(AB)-v(A)=20$	$v(AC)-v(A)=10$
2人(1/6)	$v(AC)-v(C)=5$	$v(BC)-v(C)=15$	$v(BC)-v(B)=10$
3人(1/3)	$v(ABC)-v(BC)=10$	$v(ABC)-v(AC)=20$	$v(ABC)-v(AB)=10$
Sh（期待値）	$5\frac{5}{6}$	$15\frac{5}{6}$	$8\frac{1}{3}$

例（不便なタクシー）

提携値を表にまとめると、次のようになる。ただし、大型、中型、小型を、各々、A、B、Cとする。

1番目の定義式に従って計算すると右の表のようになる。

2番目の定義式に従ってシャープレイ値を計算すると、右下の表のようになる。

提携	A	B	C	AB	AC	BC	ABC
提携値	10	8	5	22	25	20	50

到着順（確率）	A	B	C
ABC(1/6)	10	22−10=12	50−22=28
ACB(1/6)	10	50−25=25	25−10=15
BAC(1/6)	22−8=14	8	28
BCA(1/6)	50−20=30	8	20−8=12
CAB(1/6)	25−5=20	25	5
CBA(1/6)	30	20−5=15	5
Sh（期待値）	19	$15\frac{1}{2}$	$15\frac{1}{2}$

提携（確率）	A	B	C
1人(1/3)	10	8	5
2人(1/6)	14	12	15
2人(1/6)	20	15	12
3人(1/3)	30	25	28
Sh（期待値）	19	$15\frac{1}{2}$	$15\frac{1}{2}$

例（運搬アルバイト）

提携値を表にまとめると、次のようになる。

提携	A	B	C	AB	AC	BC	ABC
提携値	3	2	0	5	5	4	12

1番目の定義式に従って計算すると右の表のようになる。

2番目の定義式に従ってシャープレイ値を計算すると、右下の表のようになる。

到着順（確率）	A	B	C
ABC(1/6)	3	5−3=2	12−5=7
ACB(1/6)	3	12−5=7	5−3=2
BAC(1/6)	5−2=3	2	7
BCA(1/6)	12−4=8	2	4−2=2
CAB(1/6)	5−0=5	7	0
CBA(1/6)	8	4−0=4	0
Sh（期待値）	5	4	3

提携（確率）	A	B	C
1人(1/3)	3	2	0
2人(1/6)	3	2	2
2人(1/6)	5	4	2
3人(1/3)	8	7	7
Sh（期待値）	5	4	3

例（釣り仲間）

提携値を表にまとめると、次のようになる。

提携	A	B	C	AB	AC	BC	ABC
提携値	30	10	3	42	40	18	50

1番目の定義式に従って計算すると次の表のようになる。

2番目の定義式に従ってシャープレイ値を計算すると、次の表のようになる。

到着順（確率）	A	B	C
ABC(1/6)	30	42−30=12	50−42=8
ACB(1/6)	30	50−40=10	40−30=10
BAC(1/6)	42−10=32	10	8
BCA(1/6)	50−18=32	10	18−10=8
CAB(1/6)	40−3=37	10	3
CBA(1/6)	32	18−3=15	3
Sh（期待値）	$32\frac{1}{6}$	$11\frac{1}{6}$	$6\frac{2}{3}$

提携（確率）	A	B	C
1人(1/3)	30	10	3
2人(1/6)	32	12	10
2人(1/6)	37	15	8
3人(1/3)	32	10	8
Sh（期待値）	$32\frac{1}{6}$	$11\frac{1}{6}$	$6\frac{2}{3}$

コア（Core）

どの提携の不満も 0 以下である配分の集合がコアである。式で書けば

$$\mathrm{Core}(N,v) := \left\{ x = (x_1,...,x_n) \Big| \sum_{j \in N} x_j = v(N), \sum_{j \in S} x_j \geq v(S) \, (\forall S \subset N) \right\}$$

コアの中の配分 x 対しては、どの提携 S も、その配分 x による分け前の合計 $\sum_{j \in S} x_j$ が自分たちで確保できる提携値 $v(S)$ 以上なので、特に、文句が言えない。また、次に定義する支配関係を利用すると、「コアに属する配分は他の配分に支配されない。さらに、優加法的なゲームにおいては、他の配分に支配されない配分はコアに属する」が成立する。

次が成り立つ時、配分 $x(x=(x_1,...,x_n); x_j \geq v(\{j\})(\forall j \in N), \sum_{j \in N} x_j = v(N))$ は配分 $y(y=(y_1,...,y_n); y_j \geq v(\{j\})(\forall j \in N), \sum_{j \in N} y_j = v(N))$ を、提携 S を通じて、支配するという。$x_j > y_j \, (\forall j \in S), \sum_{j \in S} x_j \leq v(S)$ 　（$x \,\mathrm{dom}_S\, y$ と書く）

最初の不等式は、提携 S のメンバーは配分 y より配分 x を好むことを意味し、最後の不等式は配分 x の提携 S の部分（$\sum_{j \in S} x_j$）は提携 S のみ（$v(S)$）で賄えることを意味する。また、上記のような提携 S が存在する時、配分 x は配分 y を**支配する**といい、$x \,\mathrm{dom}\, y$ と書く。

次が成立するゲーム(N,v)を**優加法的**なゲームという。

$$v(S) + v(T) \leq v(S \cup T) \, (S \cap T = \emptyset)$$

すなわち、共通部分のない提携が集まれば、提携値が個々の提携値の和以上になるゲームで、各メンバーが有機的に繋がっている状況である。

例（利益の配分）

A=1,B=2,C=3 とする。定義により計算すると右のようになる。

提携	A	B	C	AB	AC	BC	ABC
提携値	0	10	5	20	10	20	30

すなわち、30 を A、B、C に分ける分け方の中で A が 0 以上、10 以下もらい、B が 10 以上、20 以下もらい、C が 5 以上、10 以下もらう分け方はコアに属する配分である。例えば、$x=(10,12,8)$、$y=(15,10,5)$ とすれば、x はコアに属すが、y は属さない。$x_2 = 12 > 10 = y_2, x_3 = 8 > 5 = y_3, x_2 + x_3 = 20 \leq 20 = v(BC) = v(23)$ より、配分 x は配分 y を支配する。

$$\begin{cases} x_1 + x_2 + x_3 = 30 \\ x_1 + x_2 \geq 20 \\ x_1 + x_3 \geq 10 \\ x_2 + x_3 \geq 20 \\ x_1 \geq 0 \\ x_2 \geq 10 \\ x_3 \geq 5 \end{cases} \Rightarrow \begin{cases} x_1 + x_2 + x_3 = 30 \\ 0 \leq x_1 \leq 10 \\ 10 \leq x_2 \leq 20 \\ 5 \leq x_3 \leq 10 \end{cases}$$

例 (運搬アルバイト)

A=1, B=2, C=3 とする。定義により計算すると右のようになる。

提携	A	B	C	AB	AC	BC	ABC
提携値	3	2	0	5	5	4	12

すなわち、12 を A、B、C に分ける分け方の中で A が 3 以上、8 以下もらい、B が 2 以上、7 以下もらい、C が 0 以上、7 以下もらう分け方はコアに属する配分である。

$$\begin{cases} x_1 + x_2 + x_3 = 12 \\ x_1 + x_2 \geq 5 \\ x_1 + x_3 \geq 5 \\ x_2 + x_3 \geq 4 \\ x_1 \geq 3 \\ x_2 \geq 2 \\ x_3 \geq 0 \end{cases} \Rightarrow \begin{cases} x_1 + x_2 + x_3 = 12 \\ 3 \leq x_1 \leq 8 \\ 2 \leq x_2 \leq 7 \\ 0 \leq x_3 \leq 7 \end{cases}$$

例 (竹細工)

松吉を A、タケを B、梅子を C とする。

提携	A	B	C	AB	AC	BC	ABC
提携値	10	6	3	20	15	12	30

A=1, B=2, C=3 とする。定義により計算すると右のようになる。

すなわち、30 を A、B、C に分ける分け方の中で A が 10 以上、18 以下もらい、B が 6 以上、15 以下もらい、C が 3 以上、10 以下もらう分け方はコアに属する配分である。

$$\begin{cases} x_1 + x_2 + x_3 = 30 \\ x_1 + x_2 \geq 20 \\ x_1 + x_3 \geq 15 \\ x_2 + x_3 \geq 12 \\ x_1 \geq 10 \\ x_2 \geq 6 \\ x_3 \geq 3 \end{cases} \Rightarrow \begin{cases} x_1 + x_2 + x_3 = 30 \\ 10 \leq x_1 \leq 18 \\ 6 \leq x_2 \leq 15 \\ 3 \leq x_3 \leq 10 \end{cases}$$

仁 (Nuc)

ある配分が提示された時、各提携の側から見れば、その配分に対する不満

が小さい方が望ましい。仁は配分に対する各提携の不満に注目し、それらを大きいものからなるべく小さくする配分方法である。解の候補の配分 x を動かしながら、最大の不満 $\max\left\{e(S,x)=v(S)-\sum_{j\in S}x_j \mid S\subset N, S\neq \emptyset, N\right\}$ を最小化する。これで最大の不満は最小になった。2番目に大きい不満を小さくできるならば、同様に、解の候補の配分 x を動かしながら、この不満を最小化する。この手続きを続けて得られる解が仁である。少し長くなるが、式で書けば次のようになる。まず、最大の不満を最小にする配分 x を求める。

$$\varepsilon_1 := \min \varepsilon$$
$$\text{s.t.} \begin{cases} \sum_{j\in N} x_j = v(N) \\ x_j \geq v(\{j\}) \, (\forall j \in N) \\ e(S,x) \leq \varepsilon \, (\forall S \subset N, S \neq \emptyset, N) \end{cases}$$

この線形計画問題の最小値を与える x の集合を X_1 とする。

$$X_1 := \left\{ x \mid \sum_{j\in N} x_j = v(N), x_j \geq v(\{j\}) \, (\forall j \in N), e(S,x) \leq \varepsilon_1 \, (\forall S \subset N, S \neq \emptyset, N) \right\}$$

X_1 が1点からなる集合ならば、それが仁である。そうでなければ、次へ進む。まず、不等式制約の中で等式で成立している提携の集合を Y_1 とする。

$$Y_1 := \{ S \subset N \mid e(S,x) = \varepsilon_1 \, (\forall x \in X_1) \}$$

2番目に大きい不満を最小にする配分 x を求める。

$$\varepsilon_2 := \min \varepsilon$$
$$\text{s.t.} \begin{cases} \sum_{j\in N} x_j = v(N) \\ x_j \geq v(\{j\}) \, (\forall j \in N) \\ e(S,x) = \varepsilon_1 \, (\forall S \in Y_1) \\ e(S,x) \leq \varepsilon \, (\forall S \notin Y_1) \end{cases}$$

この問題の最小値を与える x の集合 X_2 が1点からなれば、それが仁である。そうでなければ、同様に進む。

$$Y_k := \left\{ S \subset N \mid S \notin Y_1 \cup \cdots \cup Y_{k-1}, e(S,x) = \varepsilon_k \, (\forall x \in X_k) \right\}$$

$$\varepsilon_{k+1} := \min \varepsilon$$

$$\text{s.t.} \begin{cases} \sum_{j \in N} x_j = v(N) \\ x_j \geq v(\{j\}) \, (\forall j \in N) \\ e(S,x) = \varepsilon_1 \, (\forall S \in Y_1) \\ \quad \vdots \\ e(S,x) = \varepsilon_k \, (\forall S \in Y_k) \\ e(S,x) \leq \varepsilon \, (\forall S \notin Y_1 \cup \cdots \cup Y_k) \end{cases}$$

この問題の最小値を与える x の集合 X_{k+1}

$$X_{k+1} := \left\{ x \middle| \begin{array}{l} e(N,x) = 0, e(\{j\},x) \leq 0 \, (\forall j \in N), \\ e(S,x) = \varepsilon_t \, (\forall S \in Y_t)(t=1,...,k), \\ e(S,x) \leq \varepsilon_{k+1} \, (\forall S \notin Y_1 \cup \cdots \cup Y_k) \end{array} \right\}$$

が 1 点からなるまで繰り返す。この 1 点がゲーム(N,v)の仁 Nuc(N,v) である。コアが空集合でなければ、仁はコアの要素となる。

また、仁は不満ベクトルを辞書式順序の意味で最小にする配分である。不満 $\{e(S,x) | S \subset N, S \neq \emptyset, N\}$ を大きい順に並べたベクトルを**不満ベクトル**と呼び $\theta(x) = (\theta_1(x), ..., \theta_{2^n-2}(x))$ と書く。ただし、$\theta_1(x) \geq \cdots \geq \theta_{2^n-2}(x)$ である。仁 Nuc(N,v)は

$$\theta(\text{Nuc}(N,v)) \leq_L \theta(x) \left(\forall x; \sum_{j \in N} x_j = v(N), x_j \geq v(\{j\}) \, (\forall j \in N) \right)$$

を満たす。ただし、$\leq_L$ は辞書式順序を表す。2 つのベクトルの辞書式順序における大小は、2 つのベクトルの要素を左から順に比較していき、等しくない最初の要素の大小である。

破産問題$(E;d)$の仁と破産ゲーム$(N,v_{E,d})$の仁はもちろん一致する。破産ゲームにおいて配分 x に対する不満ベクトルの最初の $2n$ 項は 1 人提携の不満と $n-1$ 人提携の不満を大きいものから並べたものである。ただし、これら 2 つのタイプの不満は次のように与えられる。

$$v_{E;d}(\{j\}) - x_j = \max\left\{0, E - \sum_{i \in N} d_i + d_j\right\} - x_j$$

$$v_{E;d}(N-\{j\}) - \sum_{i \in N-\{j\}} x_i = x_j - (v_{E;d}(N) - v_{E;d}(N-\{j\})) = x_j - \min\{E, d_j\}$$

結局、これら最初の $2n$ 項をなるべく小さくすることが、図的解法において x_j を$(d_j)/2$ に近づけることに対応する。

仁を手計算で求めることは一般に面倒であるので、コアが空でない 0-1 正規化された 3 人ゲームの仁の公式を記しておく。一般には 1 人提携の提携値は 0 ではなく、全体提携の提携値は 1 ではない。しかし、特性関数を正 1 次変換することにより、そのように変換できる。

提携形ゲームの 0-1 正規化

提携形ゲーム(N,v)が $\sum_{j \in N} v(\{j\}) < v(N)$ を満たす場合、次のように(N,v)から(N,w)へ変換し、全体提携の提携値を 1 に、1 人提携の提携値を 0 にすることを 0-1 正規化という。

$$w(S) := \frac{v(S) - \sum_{j \in S} v(\{j\})}{v(N) - \sum_{j \in N} v(\{j\})}$$

もとのゲーム(N,v)での分け方 x と 0-1 正規化後のゲーム(N,w)の分け方 y との関係は次の通りである。

$$y_j = \frac{x_j - v(\{j\})}{v(N) - \sum_{j \in N} v(\{j\})}$$

以上の準備の下で、非空なコアを持つ 0-1 正規化された 3 人ゲームのコアと仁の公式を記す。

$$v(1) = v(2) = v(3) = 0, v(23) = a_1, v(13) = a_2, v(12) = a_3, v(123) = 1$$
$$a_1 \leq a_2 \leq a_3$$

とする。$a_1 + a_2 + a_3 \leq 2$ の時、コアは

$$\begin{cases} y_1 + y_2 + y_3 = 1 \\ 0 \leq y_1 \leq 1 - a_1 \\ 0 \leq y_2 \leq 1 - a_2 \\ 0 \leq y_3 \leq 1 - a_3 \end{cases}$$

である。仁は

(1) $a_1 \leq a_2 \leq a_3 \leq 1/3$ の時、Nuc(N,v)=$(1/3, 1/3, 1/3)$である。

(2) $1 \leq a_1 + a_2 + a_3 \leq 2, (a_3+1)/2 \leq a_1 + a_2$ の時、

$$\text{Nuc}(N,v) = (1-a_1, 1-a_2, 1-a_3) - \frac{2-(a_1+a_2+a_3)}{3}(1,1,1) \text{ である。}$$

$A := -(a_3+1)/4, B := (a_1+a_2+a_3/2)/2 - 3/4, C := (a_2-1)/2$ とおく

(3) $a_3 > 1/3, (a_3+1)/2 > a_1+a_2, \max\{A,B,C\} = A$ の時、

$$\text{Nuc}(N,v) = \left(\frac{a_3+1}{4}, \frac{a_3+1}{4}, \frac{1-a_3}{2} \right) \text{である。}$$

(4) $a_3 > 1/3, (a_3+1)/2 > a_1+a_2, \max\{A,B,C\} = B$ の時、

$$\text{Nuc}(N,v) = \left(1+B-a_1, 1+B-a_2, \frac{1-a_3}{2} \right) \text{である。}$$

(5) $a_3 > 1/3, (a_3+1)/2 > a_1+a_2, \max\{A,B,C\} = C$ の時、

$$\text{Nuc}(N,v) = \left(\frac{a_2+a_3}{2}, \frac{1-a_2}{2}, \frac{1-a_3}{2} \right) \text{である。}$$

例（利益の配分）

提携	\multicolumn{7}{c}{ゲーム(N,v)}

提携	A	B	C	AB	AC	BC	ABC
提携値	0	10	5	20	10	20	30

を 0-1 正規化すると右のようになる。公式を利用してこのゲームの仁 y を求める。A=1、B=2、C=3

提携	A	B	C	AB	AC	BC	ABC
提携値	0	0	0	2/3	1/3	1/3	1

とする。$a_1 = a_2 = 1/3, a_3 = 2/3$ より、$a_3 > 1/3, (a_3+1)/2 = 5/6 > 2/3 = a_1+a_2$ である。

$A = -(2/3+1)/4 = -5/12, B = (1/3+1/3+1/3)/2 - 3/4 = -1/4, C = (1/3-1)/2 = -1/3$ よ

り、$\max\{A,B,C\}=B$ である。公式の (4) より
$$y = \left(1-\frac{1}{4}-\frac{1}{3}, 1-\frac{1}{4}-\frac{1}{3}, \frac{1-2/3}{2}\right) = \left(\frac{5}{12}, \frac{5}{12}, \frac{1}{6}\right)。また、$$
$x_1 = 15y_1, x_2 = 15y_2 + 10, x_3 = 15y_3 + 5$ である。従って、元のゲーム(N,v)の仁は
$\text{Nuc} = \left(6\frac{1}{4}, 16\frac{1}{4}, 7\frac{1}{2}\right)$である。他の配分として、例えば、$x=(6,16,8)$をとる。それぞれの不満と不満ベクトルは

	A	B	C	AB	AC	BC
仁 $\left(6\frac{1}{4},16\frac{1}{4},7\frac{1}{2}\right)$	$-6\frac{1}{4}$	$-6\frac{1}{4}$	$-2\frac{1}{2}$	$-2\frac{1}{2}$	$-3\frac{3}{4}$	$-3\frac{3}{4}$
$x(6,16,8)$	-6	-6	-3	-2	-4	-4

$$\theta(\text{Nuc}) = \left(-2\frac{1}{2}, -2\frac{1}{2}, -3\frac{3}{4}, -3\frac{3}{4}, -6\frac{1}{4}, -6\frac{1}{4}\right) \leq_L (-2,-3,-4,-4,-6,-6) = \theta(x)$$

となり、仁の不満ベクトルの方がxの不満ベクトルよりも（辞書式順序の意味で）小さいことが確認された。

0-1 正規化したゲーム(N,w)のコアと仁を図示すると、右図のようになる。黒の点を含む台形の内部と周がコアであり、黒の点が仁である。

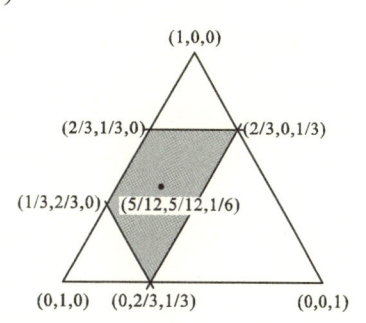

例（運搬アルバイト）

ゲーム(N,v)
提携	A	B	C	AB	AC	BC	ABC
提携値	3	2	0	5	5	4	12

を 0-1 正規化すると右のようになる。公式を利用してこのゲームの仁yを求める。A=3、B=2、C=1とする。公式 (1) より$y = (1/3, 1/3, 1/3)$。また、

ゲーム(N,w)
提携	A	B	C	AB	AC	BC	ABC
提携値	0	0	0	0	2/7	2/7	1

$x_1 = 7y_1, x_2 = 7y_2 + 2, x_3 = 7y_3 + 3$ である。従って元のゲーム(N,v)の仁は

$\text{Nuc} = \left(5\frac{1}{3}, 4\frac{1}{3}, 2\frac{1}{3}\right)$ である。

0-1 正規化したゲーム(N,w)のコアと仁を図示すると、右図のようになる。黒の点を含む灰色の多角形の内部と周がコアであり、黒の点が仁である。

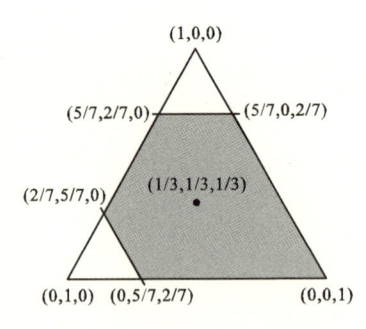

例（竹細工）

松吉を A、タケを B、梅子を C とする。

提携	\multicolumn{7}{c	}{ゲーム(N,v)}
提携	A	B	C	AB	AC	BC	ABC
提携値	10	6	3	20	15	12	30

を 0-1 正規化すると

提携	\multicolumn{7}{c	}{ゲーム(N,w)}
提携	A	B	C	AB	AC	BC	ABC
提携値	0	0	0	4/11	2/11	2/11	1

公式を利用してこのゲームの仁 y を求める。A=1、B=2、C=3 とする。
$a_1 = a_2 = 2/11, a_3 = 4/11$ より、$a_3 > 1/3, (a_3+1)/2 = 15/22 > 4/11 = a_1 + a_2$ である。
$A = -(4/11+1)/4 = -15/44, B = (2/11+2/11+2/11)/2 - 3/4 = -21/44$, より、
$C = (2/11-1)/2 = -9/22$

$\max\{A,B,C\} = A$ である。公式の (3) より

$$y = \left(\frac{4/11+1}{4}, \frac{4/11+1}{4}, \frac{1-4/11}{2}\right) = \left(\frac{15}{44}, \frac{15}{44}, \frac{7}{22}\right)$$。また、

$x_1 = 11y_1 + 10, x_2 = 11y_2 + 6, x_3 = 11y_3 + 3$ である。従って、元のゲーム(N,v)の仁は
$\text{Nuc} = \left(13\frac{3}{4}, 9\frac{3}{4}, 6\frac{1}{2}\right)$ である。

タウ値（準平衡ゲームの場合）

タウ値は自分の取り分の上限と下限の計算と、それに基づく過不足の比例配分という考えによる。まず、上限として次の**上界ベクトル** b を求める。すなわち、最後に自分が加わって全体提携ができる時の限界提携値を上限とみなす。

$$b := (b_1, ..., b_n); b_j := v(N) - v(N - \{j\})$$

この上限を全員に配分すると足りない状況 ($\sum_{j \in N} b_j - v(N) \geq 0$) を想定する。

他のプレイヤーに上記の上限を与えることを前提に、自分に残る利得が最大になるように提携を探し、この利得を下限と主張する。上限 b からこの下限を引いたものを譲歩ベクトルλとすると、下限は

$$b_j - \lambda_j := \max\{v(S) - \sum_{k \in S-\{j\}} b_k \mid S : j \in S \subset N\}$$ となる。ギャップ関数 g を

$$g(S) := \sum_{j \in S} b_j - v(S)$$

と定義すると、上記の**譲歩ベクトルλ**は次のようになる。

$$\lambda := (\lambda_1, ..., \lambda_n); \lambda_j := \min\{g(S) \mid j \in S \subset N\}$$

次の条件を満たすゲーム(N,v)を**準平衡ゲーム**と呼ぶ。すなわち、全員が0以上の譲歩をし、適切に譲歩すれば$v(N)$を分けることが可能な場合である。

$$g(S) \geq 0 \; (\forall S \subset N), \sum_{j \in N} \lambda_j \geq g(N)$$

準平衡ゲームのタウ値は次のように定義される。すなわち、まず、上限bで分けて不足した分$g(N)$をλに比例して譲歩する。

$$\text{Tau}(N, v) := \begin{cases} b & (\sum_{i \in N} \lambda_i = 0) \\ b - \dfrac{g(N)}{\sum_{i \in N} \lambda_i} \lambda & (\sum_{i \in N} \lambda_i > 0) \end{cases}$$

例（利益の配分）

下の表において、まず、上限の列を求め、次に、下限の列を

提携	A	B	C	AB	AC	BC	ABC
提携値	0	10	5	20	10	20	30

求め、次に、譲歩ベクトルを求める。次に、不足量 $g(N)$ を求める。灰色の部分の数値が0以上であり、薄い灰色の部分の数値の総和25が濃い灰色の部分の数値10以上なので、このゲームは準平衡ゲームである。譲歩の列で実際の譲歩量を計算し、それを上限から引き、タウ値の列が求まる。

以上では、上限からの譲歩という考えでタウ値を計算したが、下限から次のようにも計算できる。各プレイヤーによる下限の和は 0+10+5=15 で

	下限	上限	譲歩ベクトル	譲歩（不足量10）	タウ値
A	$v(A)=0$ $v(AB)-20=0$ $v(AC)-10=0$ $v(ABC)-30=0$ 最大値は 0	$v(ABC)-v(BC)$ $=10$	$10-0$ $=10$	$10\times\dfrac{10}{10+10+5}$ $=4$	$10-4$ $=6$
B	$v(B)=10$ $v(AB)-10=10$ $v(BC)-10=10$ $v(ABC)-20=10$ 最大値は 10	$v(ABC)-v(AC)$ $=20$	$20-10$ $=10$	$10\times\dfrac{10}{10+10+5}$ $=4$	$20-4$ $=16$
C	$v(C)=5$ $v(AC)-10=0$ $v(BC)-20=0$ $v(ABC)-30=0$ 最大値は 5	$v(ABC)-v(AB)$ $=10$	$10-5$ $=5$	$10\times\dfrac{5}{10+10+5}$ $=2$	$10-2$ $=8$

あり、配分すべき量と比べてまだ 15 だけ余裕がある。この 15 を譲歩ベクトルに基づいて比例配分すると $(0,10,5)+\dfrac{15}{10+10+5}(10,10,5)=(6,16,8)$ と同様の結果になる。

例（竹細工）

松吉を A、タケを B、梅子を C とする。

提携	A	B	C	AB	AC	BC	ABC
提携値	10	6	3	20	15	12	30

下の表において、薄い灰色の部分と濃い灰色の部分より、準平衡ゲームである。従って、タウ値は最右列のようになる。

	下限	上限	譲歩ベクトル	譲歩（不足量13）	タウ値
A	$v(A)=10$ $v(AB)-15=5$ $v(AC)-10=5$ $v(ABC)-25=5$ 最大値は 10	$v(ABC)-v(BC)$ $=18$	$18-10$ $=8$	$13\times\dfrac{8}{8+9+7}$ $=4\dfrac{1}{3}$	$18-4\dfrac{1}{3}$ $=13\dfrac{2}{3}$
B	$v(B)=6$ $v(AB)-18=2$ $v(BC)-10=2$ $v(ABC)-28=2$ 最大値は 6	$v(ABC)-v(AC)$ $=15$	$15-6$ $=9$	$13\times\dfrac{9}{8+9+7}$ $=4\dfrac{7}{8}$	$15-4\dfrac{7}{8}$ $=10\dfrac{1}{8}$
C	$v(C)=3$ $v(AB)-18=-3$ $v(BC)-15=-3$ $v(ABC)-33=-3$ 最大値は 3	$v(ABC)-v(AB)$ $=10$	$10-3$ $=7$	$13\times\dfrac{7}{8+9+7}$ $=3\dfrac{19}{24}$	$10-3\dfrac{19}{24}$ $=6\dfrac{5}{24}$

タウ値（準平衡ゲームではない場合）

まず、ダミープレイヤーを求める。**ダミープレイヤー**とは他のプレイヤーとどのような提携を形成しても自分1人の提携値よりも価値を生まないプレイヤーのことである。式で書くと、どのような提携 $S(j \in S)$ に対しても $v(S)-v(S-\{j\})=v(\{j\})$ が成り立つ時、プレイヤー j はダミープレイヤーである。ダミープレイヤーの集合を D とおき、$M:=N-D$ とする。この時、$v(N) = v(M)+\sum_{j \in D} v(\{j\})$ が成り立つ。ダミープレイヤー j は自分1人の提携値 $v(\{j\})$ をもらう。残りの $v(M)$ を M のメンバーで次のように分け合う。$0 \leq \varepsilon \leq 1$ とし、このゲーム (M,v) から、次のようにゲーム (M,v^ε) を作る。

$$v^\varepsilon(S) := \begin{cases} v(M) & (S = M) \\ v(S) - \varepsilon\left[v(S) - \sum_{j \in S} v(\{j\})\right] & (S \neq M) \end{cases}$$

ゲーム (M,v^ε) はゲーム (M,v) において、全体提携 M 以外の提携 S が提携として行動した時に（そのメンバーが別々に行動した時を基準として）得る利益 $v(S)-\sum_{j \in S} v(\{j\})$ の一部（ε 倍）を税金として外部に支払う必要があるゲームとみなすことができる。$v^0 = v$ であるので、$\varepsilon = 0$ の時、ゲーム (M,v^ε) はゲーム (M,v) と一致する。ゲーム (M,v^1) は準平衡ゲームである。(M,v^ε) が準平衡ゲームとなる最小の ε を ε^* とおき、ゲーム (M,v^{ε^*}) のタウ値を M のメンバーのタウ値と定義する。以上をまとめると、次のようになる。

$$\mathrm{Tau}_j(N,v) := \begin{cases} \mathrm{Tau}_j(M,v^{\varepsilon^*}) & (j \in M) \\ v(\{j\}) & (j \in D) \end{cases}$$

一般にはタウ値 $\mathrm{Tau}(M,v^{\varepsilon^*})$ を求めるには線形計画法を解く必要があるが、次の例が示すようにもう少し簡単に解ける場合がある。

例（準平衡ゲームではないゲーム）

下の表のように薄い灰色の部

ゲーム(N,v)						
提携	A	B	C	AB	AC	BC	ABC
提携値	0	10	5	20	20	25	30

分と濃い灰色の部分に負の数があるので準平衡ゲームではない。

	下限	上限	譲歩ベクトル	譲歩(不足量−5)	タウ値
A	$v(A) = 0$ $v(AB) - 10 = 10$ $v(AC) - 10 = 10$ $v(ABC) - 20 = 10$ 最大値は 10	$v(ABC) - v(BC)$ $= 5$	5−10 =−5		
B	$v(B) = 10$ $v(AB) - 5 = 15$ $v(BC) - 10 = 15$ $v(ABC) - 15 = 15$ 最大値は 15	$v(ABC) - v(AC)$ $= 10$	10−15 =−5		
C	$v(C) = 5$ $v(AC) - 5 = 15$ $v(BC) - 10 = 15$ $v(ABC) - 15 = 15$ 最大値は 15	$v(ABC) - v(AB)$ $= 10$	10−15 =−5		

ダミープレイヤーを求める。

$$v(ABC) - v(BC) = 30 - 25 = 5 > 0 = v(A)$$
$$v(AB) - v(A) = 20 - 0 = 20 > 10 = v(B)$$
$$v(BC) - v(B) = 25 - 10 = 15 > 5 = v(C)$$

より、ダミープレイヤーは存在しない。

このゲーム (N, v^ε) から下の表を作ると、

ゲーム (N, v^ε)							
提携	A	B	C	AB	AC	BC	ABC
提携値	0	10	5	$20 - 10\varepsilon$	$20 - 15\varepsilon$	$25 - 10\varepsilon$	30

	下限	上限	譲歩ベクトル	譲歩(不足量 $-5 + 35\varepsilon$)	タウ値
A	$v^\varepsilon(A) = 0$ $v^\varepsilon(AB) - (10 + 15\varepsilon)$ $= 10 - 25\varepsilon$ $v^\varepsilon(AC) - (10 + 10\varepsilon)$ $= 10 - 25\varepsilon$ $v^\varepsilon(ABC) - (20 + 25\varepsilon)$ $= 10 - 25\varepsilon$ 最大値は $\max\{0, 10 - 25\varepsilon\}$	$v^\varepsilon(ABC) - v^\varepsilon(BC)$ $= 5 + 10\varepsilon$ $\varepsilon = \varepsilon' = \frac{1}{7}$ の時 $6\frac{3}{7}$	$\min\begin{cases} 5 + 10\varepsilon, \\ -5 + 35\varepsilon \end{cases}$	0	$6\frac{3}{7}$

B	$v^\varepsilon(B) = 10$ $v^\varepsilon(AB) - (5+10\varepsilon)$ $= 15-20\varepsilon$ $v^\varepsilon(BC) - (10+10\varepsilon)$ $= 15-20\varepsilon$ $v^\varepsilon(ABC) - (15+20\varepsilon)$ $= 15-20\varepsilon$ 最大値は $\max\{10, 15-20\varepsilon\}$	$v^\varepsilon(ABC) - v^\varepsilon(AC)$ $= 10+15\varepsilon$ $\varepsilon = \varepsilon' = \dfrac{1}{7}$ の時 $12\dfrac{1}{7}$	$\min\begin{Bmatrix}15\varepsilon, \\ -5+35\varepsilon\end{Bmatrix}$	0	$12\dfrac{1}{7}$
C	$v^\varepsilon(C) = 5$ $v^\varepsilon(AC) - (5+10\varepsilon)$ $= 15-25\varepsilon$ $v^\varepsilon(BC) - (10+15\varepsilon)$ $= 15-25\varepsilon$ $v^\varepsilon(ABC) - (15+25\varepsilon)$ $= 15-25\varepsilon$ 最大値は $\max\{5, 15-25\varepsilon\}$	$v^\varepsilon(ABC) - v^\varepsilon(AB)$ $= 10+10\varepsilon$ $\varepsilon = \varepsilon' = \dfrac{1}{7}$ の時 $11\dfrac{3}{7}$	$\min\begin{Bmatrix}5+10\varepsilon, \\ -5+35\varepsilon\end{Bmatrix}$	0	$11\dfrac{3}{7}$

$0 \le \varepsilon \le 1$ の時、上の表の譲歩ベクトルの列の最小値は下の項で与えられることに注意する。まず、薄い灰色のセルの値が非負でなければならないので、$\varepsilon \ge 1/7$ となる。$\varepsilon = \varepsilon' = 1/7$ とおくと、薄い灰色の譲歩ベクトルの各要素と濃い灰色の部分の不足量が 0 となり、(N, v^ε) は準平衡ゲームとなって、タウ値 が求まる。

この例のように譲歩ベクトルの各要素 λ_j ($j \in N$) を非負となるようにすると、$\sum_{j \in N} \lambda_j \ge g(N)$ が満たされる場合は、線形計画問題を解かなくても良い。

団結値 (Sol)

$$\text{Sol}_j(N, v) := \sum_{T: j \in T \subset N} \frac{(n-t)!(t-1)!}{n!} \frac{1}{t} \sum_{k \in T} [v(T) - v(T - \{k\})]$$

団結値はシャープレイ値とよく似ている。違いは寄与の評価法である。自分 (j とする) が最後に到着し提携 T ができた時、シャープレイ値では自分の限界提携値 $[v(T) - v(T - \{j\})]$ をもらうが、団結値は提携 T のメンバーの限界提携値の平均 $\dfrac{1}{t} \sum_{k \in T} [v(T) - v(T - \{k\})]$ をもらう。シャープレイ値では限界提

値の期待値（期待限界提携値）をもらうが、団結値では平均限界提携値の期待値（期待平均限界提携値）をもらう。団結値では、平均化の操作が加わっているので、シャープレイ値における寄与よりも団結値における寄与の方が平均値に近づいている。すなわち、シャープレイ値において寄与が大きかったプレイヤーの団結値における寄与は小さくなり、逆に、シャープレイ値において寄与が小さかったプレイヤーの団結値における寄与は大きくなる。力のあるなしを前面に出さず、個人の力は団結により発揮されるとの理解から、団結の重要性を意識し、力の強い人は力の弱い人を助けるのが団結値の考えである。

例（利益の配分）

提携	A	B	C	AB	AC	BC	ABC
提携値	0	10	5	20	10	20	30

シャープレイ値を計算するときに利用した2番目の定義式による表を修正して求める。

提携の規模が2人と3人の計算において、同じ色の

提携（確率）	A	B	C
1人 (1/3)	$v(A) - v(\emptyset) = 0$	$v(B) - v(\emptyset) = 10$	$v(C) - v(\emptyset) = 5$
2人 (1/6)	$v(AB) - v(B) = 10$ $v(AB) - v(A) = 20$ average $= 15$	$v(AB) - v(B) = 10$ $v(AB) - v(A) = 20$ average $= 15$	$v(AC) - v(C) = 5$ $v(AC) - v(A) = 10$ average $= 7\frac{1}{2}$
2人 (1/6)	$v(AC) - v(C) = 5$ $v(AC) - v(A) = 10$ average $= 7\frac{1}{2}$	$v(BC) - v(C) = 15$ $v(BC) - v(B) = 10$ average $= 12\frac{1}{2}$	$v(BC) - v(C) = 15$ $v(BC) - v(B) = 10$ average $= 12\frac{1}{2}$
3人 (1/6)	$v(ABC) - v(BC) = 10$ $v(ABC) - v(AB) = 10$ $v(ABC) - v(AC) = 20$ average $= 13\frac{1}{3}$	$v(ABC) - v(BC) = 10$ $v(ABC) - v(AB) = 10$ $v(ABC) - v(AC) = 20$ average $= 13\frac{1}{3}$	$v(ABC) - v(BC) = 10$ $v(ABC) - v(AB) = 10$ $v(ABC) - v(AC) = 20$ average $= 13\frac{1}{3}$
団結値（期待値）	$8\frac{7}{36}$	$12\frac{13}{36}$	$9\frac{4}{9}$

セルの数値は一致するので、計算量はそれほど多くない。

例（釣り仲間）

下の表のようになる。

提携	A	B	C	AB	AC	BC	ABC
提携値	30	10	3	42	40	18	50

提携 (確率)	A	B	C
1人 (1/3)	$v(A) - v(\emptyset) = 30$	$v(B) - v(\emptyset) = 10$	$v(C) - v(\emptyset) = 5$
2人 (1/6)	$v(AB) - v(B) = 32$ $v(AB) - v(A) = 12$ average = 22	$v(AB) - v(B) = 32$ $v(AB) - v(A) = 12$ average = 22	$v(AC) - v(C) = 37$ $v(AC) - v(A) = 10$ average = $23\frac{1}{2}$
2人 (1/6)	$v(AC) - v(C) = 37$ $v(AC) - v(A) = 10$ average = $23\frac{1}{2}$	$v(BC) - v(C) = 15$ $v(BC) - v(B) = 8$ average = $11\frac{1}{2}$	$v(BC) - v(C) = 15$ $v(BC) - v(B) = 8$ average = $11\frac{1}{2}$
3人 (1/3)	$v(ABC) - v(BC) = 32$ $v(ABC) - v(AB) = 8$ $v(ABC) - v(AC) = 10$ average = $16\frac{2}{3}$	$v(ABC) - v(BC) = 32$ $v(ABC) - v(AB) = 8$ $v(ABC) - v(AC) = 10$ average = $16\frac{2}{3}$	$v(ABC) - v(BC) = 32$ $v(ABC) - v(AB) = 8$ $v(ABC) - v(AC) = 10$ average = $16\frac{2}{3}$
団結値 (期待値)	$23\frac{5}{16}$	$14\frac{17}{36}$	$12\frac{7}{18}$

最小二乗値

仁は各提携の不満をなるべく小さくする（不満ベクトルを辞書式順序の意味で最小化する）配分であった。さて、分け方 x ($\sum_{j \in N} x_j = v(N)$) に対する提携 S の不満 $v(S) - \sum_{j \in S} x_j$ は提携 S から見れば小さい方が望ましいが、公平性の観点からは 0 であることが望ましい。従って、次のような最小化問題を考える。($s = |S|$ は提携 S の規模、すなわち、提携 S に含まれるプレイヤーの人数である。)

$$\min \sum_{S: S \subset N} m_{n,s} \left(v(S) - \sum_{j \in S} x_j \right)^2$$
$$\text{s.t.} \sum_{j \in N} x_j = v(N)$$

$m = (m_{n,s})_{n=2,3,\ldots; s=1,\ldots,n-1}$ は非負の重みで $\sum_{s=1}^{n-1} \binom{n-2}{s-1} m_{n,s} = 1$ となるように規格化しておく。解 $x = (x_1, \ldots, x_n)$ は次のように与えられる。この解は重み m に対する最小二乗値と呼ばれる。

$$x_j = \frac{v(N)}{n} + \sum_{\substack{S: j \in S \subset N \\ S \neq N}} m_{n,s} v(S) - \sum_{\substack{S: S \subset N \\ S \neq \emptyset, N}} \frac{s}{n} m_{n,s} v(S)$$

特に、$m_{n,s} = \frac{1}{n-1}\binom{n-2}{s-1}^{-1}$ の時、最小二乗値は**シャープレイ値**（Sh）となり、$m_{n,s} = \frac{1}{2^{n-2}}$ の時、**最小二乗準仁**（LSpNuc）となり、$m_{n,s} = \frac{2s}{n(n-1)}\binom{n-2}{s-1}^{-1}$ の時、**ニュー値**（Nyu）となる。また、$m_{n,s} = \begin{cases} \binom{n-2}{k-1}^{-1} & (s=k) \\ 0 & (s \neq k) \end{cases}$ の時、EN^{k}AC-値（Egalitarian Non-k-averaged Contribution value）（EN^{k}AC）となる。シャープレイ値が最小二乗値としても解釈可能であることに注意する。シャープレイ値と最小二乗準仁とニュー値とEN^{k}AC-値の差異に関しては後で述べる。

$\sum_{\substack{S: j \in S \subset N \\ S \neq N}} m_{n,s} v(S)$ の項（$=u_j$ とおく）は j に依存し、$\frac{v(N)}{n} + \sum_{\substack{S: S \subset N \\ S \neq \emptyset, N}} \frac{s}{n} m_{n,s} v(S)$ の項（$=k$ とおく）は j に依存しないことに注意して、$x_j = u_j + k, \sum_{j \in N} x_j = v(N)$ を利用すれば、$x_j = u_j + \frac{v(N) - \sum_{i \in N} u_i}{n}$ となる。この u_j はプレイヤー j のゲーム (N,v) への貢献とみなすことができる。各プレイヤーは、まず、自分の貢献を u_j もらい、その後、過不足を等分して分ける。

特に、$n=3$ の時は $\begin{cases} u_A = m_{3,1} v(A) + m_{3,2}(v(AB) + v(AC)) \\ u_B = m_{3,1} v(B) + m_{3,2}(v(AB) + v(BC)) \\ u_C = m_{3,1} v(C) + m_{3,2}(v(BC) + v(AC)) \end{cases}$ となる。また、$n=3$ の時は重みが同じ $m_{3,s} = 1/2 \, (s=1,2)$ になるので、シャープレイ値と最小二乗準仁は一致する。ニュー値の重みは $m_{3,s} = s/3 \, (s=1,2)$ となる。EN^{k}AC-値（$k=1,2$）の重みは $m_{n,s} = \begin{cases} 1 & (s=k) \\ 0 & (s \neq k) \end{cases}$ となる。

例（利益の配分）

最小二乗準仁とニュー値を次の表を参考に求めると

提携	A	B	C	AB	AC	BC	ABC
提携値	0	10	5	20	10	20	30

$\text{LSpNuc} = \left(5\frac{5}{6}, 15\frac{5}{6}, 8\frac{1}{3}\right)$ と $\text{Nyu} = \left(6\frac{1}{9}, 16\frac{1}{9}, 7\frac{7}{9}\right)$ となる。

	A	B	C
最小二乗準仁 $m_{3,s} = 1/2$ ($s=1,2$)	$u_A = \frac{1}{2} \times 0 + \frac{1}{2}(20+10) = 15$	$u_B = \frac{1}{2} \times 10 + \frac{1}{2}(20+20) = 25$	$u_C = \frac{1}{2} \times 5 + \frac{1}{2}(20+10) = 17\frac{1}{2}$
	\multicolumn{3}{c}{$15 + 25 + 17\frac{1}{2} = 57\frac{1}{2}, \quad \frac{30 - 57\frac{1}{2}}{3} = -10 + \frac{5}{6}$}
	$15 - 10 + \frac{5}{6} = 5\frac{5}{6}$	$25 - 10 + \frac{5}{6} = 15\frac{5}{6}$	$17\frac{1}{2} - 10 + \frac{5}{6} = 8\frac{1}{3}$
ニュー値 $m_{3,s} = s/3$ ($s=1,2$)	$u_A = \frac{1}{3} \times 0 + \frac{2}{3}(20+10) = 20$	$u_B = \frac{1}{3} \times 10 + \frac{2}{3}(20+20) = 30$	$u_C = \frac{1}{3} \times 5 + \frac{2}{3}(20+10) = 21\frac{2}{3}$
	\multicolumn{3}{c}{$20 + 30 + 21\frac{2}{3} = 71\frac{2}{3}, \quad \frac{30 - 71\frac{2}{3}}{3} = -14 + \frac{1}{9}$}
	$20 - 14 + \frac{1}{9} = 6\frac{1}{9}$	$30 - 14 + \frac{1}{9} = 16\frac{1}{9}$	$21\frac{2}{3} - 14 + \frac{1}{9} = 7\frac{7}{9}$

例（不便なタクシー）

ただし、大型、中型、小型を、各々、A、B、Cとする。

提携	A	B	C	AB	AC	BC	ABC
提携値	10	8	5	22	25	20	50

EN^kAC-値($k=1,2$) を次の表を参考にして求めると、
$\text{EN}^1\text{AC} = (19, 17, 14)$、
$\text{EN}^2\text{AC} = (19, 14, 17)$
となる。

	A	B	C
EN^1AC-値 $m_{3,1} = 1$	$u_A = 1 \times 10 = 10$	$u_B = 1 \times 8 = 8$	$u_C = 1 \times 5 = 5$
	\multicolumn{3}{c}{$10 + 8 + 5 = 23, \quad \frac{50 - 23}{3} = 9$}
	10+9=19	8+9=17	5+9=14
EN^2AC-値 $m_{3,2} = 1$	$u_A = 1 \times 22 + 1 \times 25 = 47$	$u_B = 1 \times 22 + 1 \times 20 = 42$	$u_C = 1 \times 25 + 1 \times 20 = 45$
	\multicolumn{3}{c}{$47 + 42 + 45 = 134, \quad \frac{50 - 134}{3} = -28$}
	47−28=19	42−28=14	45−28=17

$$\frac{1}{2}\text{EN}^1\text{AC} + \frac{1}{2}\text{EN}^2\text{AC} = \left(19, 15\frac{1}{2}, 15\frac{1}{2}\right)$$ はシャープレイ値と一致する。

例（釣り仲間）

最小二乗準仁とニュー値を次の表を参考に求めると

提携	A	B	C	AB	AC	BC	ABC
提携値	30	10	3	42	40	18	50

$$\text{LSpNuc} = \left(32\frac{1}{6}, 11\frac{1}{6}, 6\frac{2}{3}\right) \text{ と } \text{Nyu} = \left(32\frac{1}{9}, 10\frac{7}{9}, 7\frac{1}{9}\right) \text{ となる。}$$

	A	B	C
最小二乗準仁 $m_{3,s} = 1/2$ ($s=1,2$)	$u_A = \frac{1}{2} \times 30 + \frac{1}{2}(42+40) = 56$	$u_B = \frac{1}{2} \times 10 + \frac{1}{2}(42+18) = 35$	$u_C = \frac{1}{2} \times 3 + \frac{1}{2}(18+40) = 30\frac{1}{2}$
	$56 + 35 + 30\frac{1}{2} = 121\frac{1}{2}, \quad \frac{50 - 121\frac{1}{2}}{3} = -24 + \frac{1}{6}$		
	$56 - 24 + \frac{1}{6} = 32\frac{1}{6}$	$35 - 24 + \frac{1}{6} = 11\frac{1}{6}$	$30\frac{1}{2} - 24 + \frac{1}{6} = 6\frac{2}{3}$
ニュー値 $m_{3,s} = s/3$ ($s=1,2$)	$u_A = \frac{1}{3} \times 30 + \frac{2}{3}(42+40) = 64\frac{2}{3}$	$u_B = \frac{1}{3} \times 10 + \frac{2}{3}(42+18) = 43\frac{1}{3}$	$u_C = \frac{1}{3} \times 3 + \frac{2}{3}(18+40) = 39\frac{2}{3}$
	$64\frac{2}{3} + 43\frac{1}{3} + 39\frac{2}{3} = 147\frac{2}{3}, \quad \frac{50 - 147\frac{2}{3}}{3} = -33 + \frac{4}{9}$		
	$64\frac{2}{3} - 33 + \frac{4}{9} = 32\frac{1}{9}$	$43\frac{1}{3} - 33 + \frac{4}{9} = 10\frac{7}{9}$	$39\frac{2}{3} - 33 + \frac{4}{9} = 7\frac{1}{9}$

貢献の確率的解釈

ゲーム(N, v)におけるプレイヤーjの貢献 $u_j \coloneqq \sum_{\substack{S: j \in S \subset N \\ S \neq N}} m_{n,s} v(S)$ を、直接、確率的に解釈するのは困難である。しかし、その差に注目すると、次のように解釈が可能となる。xを重み$(m_{n,s})_{n=2,3,\ldots; s=1,\ldots,n-1}$ に対する最小二乗値とすると

$$x_i - x_j = u_i - u_j = \sum_{S \in \Gamma(i+, j-)} m_{n,s} v(S) - \sum_{S \in \Gamma(j+, i-)} m_{n,s} v(S) = c_{ij} - c_{ji}$$

となる。ただし、$\Gamma(i+, j-) \coloneqq \{S \subset N \mid i \in S, j \notin S\}$、また、$c_{ij} \coloneqq \sum_{S \in \Gamma(i+, j-)} m_{n,s} v(S)$

である[6]。ここで、

$$\sum_{S\in\Gamma(i+,j-)} m_{n,s} = \sum_{s=1}^{n-1} m_{n,s} \sum_{S\in\Gamma(s,i+,j-)} 1 = \sum_{s=1}^{n-1} m_{n,s} \binom{n-2}{s-1}$$

に注意する。ただし、$\Gamma(s,i+,j-) := \{S \subset N \mid i \in S, j \notin S, |S| = s\}$ はプレイヤーiを含みプレイヤーjを含まないs人提携の集合であり、その個数は $|\Gamma(s,i+,j-)| = \binom{n-2}{s-1}$ である。最小二乗値の重みは $\sum_{s=1}^{n-1} m_{n,s} \binom{n-2}{s-1} = 1$ を満たしているので、c_{ij} はvの期待値として次のように解釈できる。c_{ij} は自分iを含み相手jを含まない提携Sが確率$m_{n,s}$で生成されるとみなされる時の提携値$v(S)$の期待値であり、これをプレイヤーiのプレイヤーjに対する貢献とみなすことができる。

最小二乗準仁、シャープレイ値、ニュー値、EN^{k}AC-値に関してその重みを実現する提携の形成過程が次のように例示される。

最小二乗準仁： $m_{n,s} = \dfrac{1}{2^{n-2}}$

n人のプレイヤーが各々独立に提携形成に「参加する」、「参加しない」を各々$1/2$の確率で決定する。この提携形成過程において、プレイヤーiはプレイヤーjに対する貢献を次のように主張する。

自分iを含み相手jを含まない提携$S(i \in S, j \notin S)$のみに着目した提携値の期待値を自分の相手に対する貢献と見積もる（右図を参照）。

プレイヤーiが参加、プレイヤーjが参加しないを選んだ状況のみに着目するので、提携 $S(i \in S, j \notin S)$ が形成

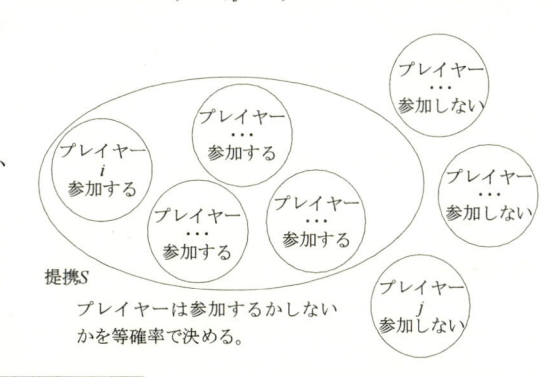

---

[6] このc_{ij}を利用して最小二乗値xを計算すると、$x_j = v(N)/n + (\sum_{k \in N}(c_{jk} - c_{kj}))/n$ となる。

される確率は提携 S に属する i 以外のプレイヤーが「参加する」を選び、提携 S に属さない j 以外のプレイヤーが「参加しない」を選ぶ確率なので、$\left(\frac{1}{2}\right)^{s-1}\left(\frac{1}{2}\right)^{n-s-1}=\frac{1}{2^{n-2}}$ となる。

シャープレイ値： $m_{n,s} = \frac{1}{n-1}\binom{n-2}{s-1}^{-1}$

n 人のプレイヤーがランダムに順列（左側から先に到着したと解釈する）を作る。この時、プレイヤーiはプレイヤーjに対する貢献を次のように主張する。

プレイヤーjを全く無視する。すなわち、プレイヤーiが到着した時に左側に並んでいるプレイヤーとで形成される提携（もし、プレイヤーjがいれば、それを除く）$S(i \in S, j \notin S)$ の提携値の期待値を自分の相手に対する貢献と見積もる（下図を参照）。

すべての順列の個数は $n!$ である。結果が S となる順列の個数はプレイヤーi以外の S のメンバー$s–1$ 人の順列の個数$(s–1)!$、とプレイヤーi の右側にいる（j 以外の）プレイヤーの順列の個数$(n–s–1)!$、とプレイヤーj はどの位置にいてもよいので、これによる場合の数 n、の積 $(s–1)!(n–s–1)!n$ である。従って、この提携 S が形成される確率は
$\frac{(s-1)!(n-s-1)!}{(n-1)!} = \frac{1}{n-1}\binom{n-2}{s-1}^{-1}$ となる。

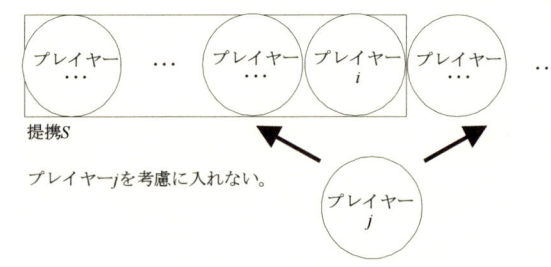

ニュー値： $m_{n,s} = \frac{2s}{n(n-1)}\binom{n-2}{s-1}^{-1}$

シャープレイ値と同様に、n 人のプレイヤーがランダムに順列（左側から先に到着したと解釈する）を作る。この時、プレイヤーiはプレイヤーjに対する貢献を次のように主張する。

次の提携 $S(i \in S, j \notin S)$ の提携値の期待値をプレイヤー i のプレイヤー j に対する貢献と見積もる。プレイヤー i がプレイヤー j よりも先に到着した（左にいる）場合は、プレイヤー j が到着した時に形成される提携（ただし、プレイヤー j を除く）が S である（下図を参照）。プレイヤー i がプレイヤー j よりも後に到着した（右にいる）場合は、プレイヤー i が到着した時に形成される提携（ただし、プレイヤー j を除く）が S である（下図を参照）。

言い換えれば、自分と相手の両方が到着した時にできる、自分を含み相手を含まない提携が S である。

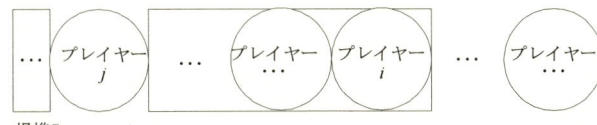

すべての順列の個数は $n!$ である。プレイヤー i がプレイヤー j よりも左にいる場合に、結果が S となる順列の個数は、プレイヤー j

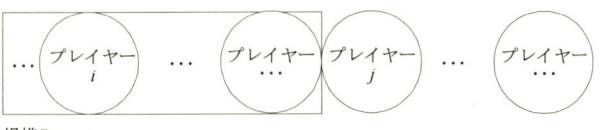

●プレイヤー i がプレイヤー j よりも左にいる場合：

（図：提携 S）

●プレイヤー i がプレイヤー j よりも右にいる場合：

（図：提携 S）

よりも左にいる提携 S のメンバーの順列の個数 $s!$ とプレイヤー j よりも右にいる提携 S 以外のプレイヤーの順列の個数 $(n-s-1)!$ の積 $s!(n-s-1)!$ である。プレイヤー i がプレイヤー j よりも右にいる場合に、結果が S となる順列の個数は、プレイヤー i よりも左にいる提携 S のメンバーとプレイヤー j からなる s 人の順列の個数 $s!$ とプレイヤー i よりも右にいる提携 S 以外のプレイヤーの順列の個数 $(n-s-1)!$ の積 $s!(n-s-1)!$ である。従って、この提携 S が形成される確率は

$$\frac{s!(n-s-1)!}{n!} + \frac{s!(n-s-1)!}{n!} = \frac{2s!(n-s-1)!}{n!} = \frac{2s}{n(n-1)}\binom{n-2}{s-1}^{-1}$$

となる。

EN^{k}AC-値： $m_{n,s} = \begin{cases} \binom{n-2}{k-1}^{-1} & (s = k) \\ 0 & (s \neq k) \end{cases}$

シャープレイ値と同様に、n 人のプレイヤーがランダムに順列（左側から先に到着したと解釈する）を作る。この時、プレイヤーi はプレイヤーj に対する貢献を次のように主張する。

次の提携 $S(i \in S, j \notin S)$ の提携値の期待値をプレイヤーi のプレイヤーj に対する貢献と見積もる。プレイヤーi がプレイヤーj よりも先にちょうど k 人目として到着した時に形成される提携にのみ着目する。この提携が S である。

着目する順列の個数は $\frac{(n-2)!(n-k)!}{(n-k-1)!}$ であり、これらが等確率で生成される。

結果が上記の S になる順列の個数は $(k-1)!(n-k)!$ となる。従って、$m_{n,s} = \begin{cases} \binom{n-2}{k-1}^{-1} & (s = k) \\ 0 & (s \neq k) \end{cases}$ となる。EN^{k}AC-値は全体提携の提携値と k 人提携の提携値のみに依存し、それ以外の提携値には依存しない。従って、全体提携の提携値を配分する時に、k 人提携の提携値のみが重要な役割を果たす場合に適用可能な解である。

解の性質

解のいくつかの性質について述べる。ここで扱う性質は加法性、ETP（Equal Treatment Property）、ダミープレイヤー性である。

解 $f(N,v) := (f_j(N,v))_{j \in N}$ は $f(N, v+w) = f(N,v) + f(N,w)$ を満たすとき、**加法的**であるといわれる。ただし、$(v+w)(S) := v(S) + w(S)$ である。

次の例が示すように仁とタウ値は加法性を満たさないが、それ以外の、シャープレイ値、団結値、最小二乗準仁、ニュー値は満たすことが知られている。

例（加法性）

次の表は今まで利用してきた例（利益の配分）（(N,v) とおく）とその解をまとめたものである。

2章 提携形ゲーム 77

ゲーム(N,v)						
提携	A	B	C	AB	AC	BC	ABC
提携値	0	10	5	20	10	20	30

解	A	B	C
Nuc	$6\frac{1}{4}$	$16\frac{1}{4}$	$7\frac{1}{2}$
Tau	6	16	8
Sh	$5\frac{5}{6}$	$15\frac{5}{6}$	$8\frac{1}{3}$

他のゲーム（(N,w)とおく）とその解、及び、ゲーム$(N,v+w)$の提携値と解は下の表のようになる。

ゲーム(N,w)						
提携	A	B	C	AB	AC	BC	ABC
提携値	10	5	5	20	15	15	30

ゲーム($N,v+w$)						
提携	A	B	C	AB	AC	BC	ABC
提携値	10	15	10	40	25	35	60

解	A	B	C
Nuc	$12\frac{1}{2}$	10	$7\frac{1}{2}$
Tau	$12\frac{1}{2}$	10	$7\frac{1}{2}$
Sh	$12\frac{1}{2}$	10	$7\frac{1}{2}$

解	A	B	C
Nuc	$17\frac{1}{2}$	$27\frac{1}{2}$	15
Tau	$18\frac{1}{3}$	$26\frac{1}{9}$	$15\frac{5}{9}$
Sh	$18\frac{1}{3}$	$25\frac{5}{6}$	$15\frac{5}{6}$

ゲーム(N,v)とゲーム(N,w)の仁の和

$$\left(6\frac{1}{4}, 16\frac{1}{4}, 7\frac{1}{2}\right) + \left(12\frac{1}{2}, 10, 7\frac{1}{2}\right) = \left(18\frac{3}{4}, 26\frac{1}{4}, 15\right)$$ はゲーム$(N,v+w)$の仁

$\left(17\frac{1}{21}, 27\frac{1}{2}, 15\right)$ と一致しない。また、ゲーム(N,v)とゲーム(N,w)のタウ値の和

$$(6,16,8) + \left(12\frac{1}{2}, 10, 7\frac{1}{2}\right) = \left(18\frac{1}{2}, 26, 15\frac{1}{2}\right)$$ はゲーム$(N,v+w)$のタウ値

$\left(18\frac{1}{3}, 26\frac{1}{9}, 15\frac{5}{9}\right)$ と一致しない。しかし、ゲーム(N,v)とゲーム(N,w)のシャープレイ値の和 $\left(5\frac{5}{6}, 15\frac{5}{6}, 8\frac{1}{3}\right) + \left(12\frac{1}{2}, 10, 7\frac{1}{2}\right) = \left(18\frac{1}{3}, 25\frac{5}{6}, 15\frac{5}{6}\right)$ はゲーム$(N,v+w)$の

シャープレイ値 $\left(18\dfrac{1}{3}, 25\dfrac{5}{6}, 15\dfrac{5}{6}\right)$ と一致している。

解 $f(N,v) := (f_j(N,v))_{j \in N}$ は
$$v(S \cup \{i\}) = v(S \cup \{j\}) \ (\forall S \subset N - \{i,j\}) \text{ の時、 } f_i(N,v) = f_j(N,v)$$
であれば、**ETP**（Equal Treatment Property）を満たすといわれる。

加法性と ETP を満たす解 f は、適当な重み $(m_{n,s})_{n=2,3,\ldots; s=1,\ldots,n-1}$ （必ずしも、非負であり規格化されている必要はない）により

$$f_j(N,v) = \dfrac{v(N)}{n} + \sum_{\substack{S: j \in S \subset N \\ S \neq N}} m_{n,s} v(S) - \sum_{\substack{S: S \subset N \\ S \neq \emptyset, N}} \dfrac{s}{n} m_{n,s} v(S)$$

と与えられることが知られている。もし、重み $(m_{n,s})_{n=2,3,\ldots; s=1,\ldots,n-1}$ が非負であり、$\sum_{s=1}^{n-1} m_{n,s} \binom{n-2}{s-1} = 1$ と規格化されていれば、重み $(m_{n,s})_{n=2,3,\ldots; s=1,\ldots,n-1}$ に対する最小二乗値となる。

ゲーム (N,v) は次を満たす時、**非本質的**といわれる。
$$v(S) = \sum_{j \in S} v(\{j\}) \ (\forall S \subset N)$$

解 f は加法性と ETP を満たすとする。非本質的なゲーム (N,v) に対して $f_j(N,v) = v(\{j\}) \ (\forall j \in N)$ となることとその重みが $\sum_{s=1}^{n-1} m_{n,s} \binom{n-2}{s-1} = 1$ を満たすことは同値である。

$$m_{n,s} = \dfrac{1}{(s+1)(n-s)} \binom{n-2}{s-1}^{-1} \text{ の時、 } \sum_{s=1}^{n-1} m_{n,s} \binom{n-2}{s-1} = \sum_{s=1}^{n-1} \dfrac{1}{(s+1)(n-s)} < 1 \ (n \geq 2)$$

であるので、最小二乗値ではないが、団結値となる。

解 $f(N,v) := (f_j(N,v))_{j \in N}$ は
$$v(S \cup \{i\}) - v(S) = v(\{i\}) \ (\forall S \subset N - \{i\}) \text{ の時、 } f_i(N,v) = v(\{i\})$$
（ダミープレイヤーにはその人の一人提携値を与える）
であれば、**ダミープレイヤー性**を満たすといわれる。

シャープレイ値は行儀のよい解であり、次のことが成り立つ。

「シャープレイ値は加法性、ETP、ダミープレイヤー性を満たす唯一の解（配分）である。」

仁とタウ値は ETP とダミープレイヤー性を満たす。

例

次の $N=\{A,B,C,D,E\}$ である 5 人ゲームのシャープレイ値を求める。

$$v(S) = \begin{cases} 1 & (S \supset \{A,B,C\}) \\ 0 & (その他) \end{cases}$$

$v(S \cup \{A\}) = v(S \cup \{B\}) = 0 \; (\forall S \subset \{C,D,E\})$ であるので、ETP より

$Sh_A(N,v) = Sh_B(N,v)$ となる。同様に、$(Sh_A(N,v) =)Sh_B(N,v) = Sh_C(N,v)$ となる。また、$v(\{D\})=0$ と

$$v(S \cup \{D\}) - v(S) = \begin{cases} 1-1 = 0 & (\forall S : \{A,B,C\} \subset S \subset \{A,B,C,E\}) \\ 0-0 = 0 & (その他のS) \end{cases}$$

より、プレイヤーDは（同様に、プレイヤーEも）ダミープレイヤーとなり、$Sh_D(N,v)(= Sh_E(N,v)) = 0$ となる。$v(N)=1$ であるので、結局、$Sh(N,v) = (1/3, 1/3, 1/3, 0, 0)$ となる。

上記の例のように提携値が 0 または 1 を取り、提携値が 1 となるにはある提携（上の例では$\{A,B,C\}$）のメンバーの参加が必要なゲームを満場一致ゲームと呼ぶ。すなわち、$T \subset N, T \neq \emptyset$ に対して、**満場一致ゲーム** (N,u_T) は

$$u_T(S) = \begin{cases} 1 & (S \supset T) \\ 0 & (その他) \end{cases}$$

と定義される。このゲーム (N,u_T) のシャープレイ値は

$$Sh_j(N, u_T) = \begin{cases} \dfrac{1}{|T|} & (j \in T) \\ 0 & (j \notin T) \end{cases}$$

となる。

例

次の $N=\{A,B,C,D,E\}$ である 5 人ゲームのシャープレイ値を求める。

$$v = 3u_{\{A,B,C\}} + 2u_{\{A,D\}}$$

v は 2 つのゲームの和であり、シャープレイ値は加法性を満たすので、

$$\text{Sh}_A(N,v) = 3/3 + 2/2 = 2, \text{Sh}_B(N,v) = \text{Sh}_C(N,v) = 3/3 + 0 = 1,$$
$$\text{Sh}_D(N,v) = 0 + 2/2 = 1, \text{Sh}_D(N,v) = 0 + 0 = 0$$

となる。

シャープレイ値に関して有用な性質を述べる。

シャープレイ値は $n-1$ 個の EN^kAC-値の和として表せる。すなわち、

$$\text{Sh}(N,v) = \frac{\sum_{k=1}^{n-1} \text{EN}^k\text{AC}(N,v)}{n-1}$$

ゲーム (N,v) が与えられた時、その部分提携 $S(\subset N)$ の部分提携の提携値 $\{v(T)|T \subset S\}$ のみを考慮したゲームを $(S, v_{|2^S})$ と書く。ゲーム (N,v) の解を $f(N) = (f_j(N))_{j \in N}$、ゲーム $(S, v_{|2^S})$ の解を $f(S) = (f_j(S))_{j \in S}$ と書くことにする。

ただし、$\sum_{j \in S} f_j(S) = v(S)$ である。

この時、次のことが成り立つ。

シャープレイ値（Sh）は次を満たす一意の解である。

$$f_j(S) - f_j(S - \{j\}) = f_i(S) - f_i(S - \{i\}) \ (\forall S \subset N, \forall i, j \in S, i \neq j) \quad \text{(Pre-Dif)}$$

ゲーム (N,v) が与えられた時、上記の条件（Pre-Dif）を提携の人数が 2 の時に適用すると、

$$f_j(\{j\}) = v(\{j\}) \ (\forall j \in N)$$
$$f_j(\{i,j\}) = v(\{j\}) + \frac{v(\{i,j\}) - v(\{i\}) - v(\{j\})}{2}$$

となる。このように、ゲーム (N,v) のシャープレイ値は、一人提携からスタートし、「相手がいない一人少ないゲームにおける自分の取り分から相手がいるゲームにおける自分の取り分への増分がプレイヤーに依存せずに一定である」という条件により一意に決まる解として解釈可能である。

比例配分値（Prop）

提携値が正の値を取るゲーム (N,v) のみに限定する。比例配分値（Prop）は次

を満たす一意の解である。

$$\frac{f_i(S)}{f_i(S-\{j\})} = \frac{f_j(S)}{f_j(S-\{i\})} \quad (\forall S \subset N, \forall i,j \in S, i \neq j) \quad \text{(Pre-Rat)}$$

この (Pre-Rat) は次の式と同じである。

$$\frac{f_i(S) - f_i(S-\{j\})}{f_i(S-\{j\})} = \frac{f_j(S) - f_j(S-\{i\})}{f_j(S-\{i\})} \quad (\forall S \subset N, \forall i,j \in S, i \neq j) \quad \text{(Pre-Rat)}$$

ゲームの規模が大きくなる時、任意の2人の間において、それによる増分を等分するのが (Pre-Dif) であり、増分を比例配分するのが (Pre-Rat) である。

ゲーム(N,v)が与えられた時、上記の条件 (Pre-Rat) を提携の人数が2の時に適用すると、

$$f_j(\{j\}) = v(\{j\}) \quad (\forall j \in N)$$

$$f_j(\{i,j\}) = v(\{j\}) + \frac{v(\{j\})}{v(\{i\}) + v(\{j\})}(v(\{i,j\}) - v(\{i\}) - v(\{j\}))$$

$$= \frac{v(\{j\})}{v(\{i\}) + v(\{j\})} v(\{i,j\})$$

となる。このように、正のゲーム(N,v)の比例配分値は、一人提携からスタートし、「相手がいるゲームにおける自分の取り分と相手がいない一人少ないゲームにおける自分の取り分の比がプレイヤーに依存せずに一定である」という条件により一意に決まる解である。

比例配分値 (Prop) は次のように計算できる。
まず、ポテンシャル (Po) と呼ばれるものを計算する。

$$Po(\emptyset) = 1$$

$$Po(S) = \frac{v(S)}{\sum_{j \in S} \frac{1}{Po(S-\{j\})}} \quad (\forall S \subset N, S \neq \emptyset)$$

これを利用して、比例配分値 (Prop) は次のように求められる。

$$\text{Prop}_j(S) = \frac{Po(S)}{Po(S-\{j\})} \quad (\forall S \subset N, S \neq \emptyset, \forall j \in S)$$

比例配分値 (Prop) は加法性を満たさないが ETP とダミープレイヤー性は満

たすことが知られている。

例（不便なタクシー）

大型、中型、小型を、各々、A、B、Cとする。

提携	A	B	C	AB	AC	BC	ABC
提携値	10	8	5	22	25	20	50

ポテンシャルは右の表のようになる。

提携	A	B	C	AB	AC	BC	ABC
ポテンシャル (Po)	10	8	5	$\dfrac{22}{\frac{1}{10}+\frac{1}{8}}=\dfrac{880}{9}$	$\dfrac{25}{\frac{1}{10}+\frac{1}{5}}=\dfrac{250}{3}$	$\dfrac{20}{\frac{1}{8}+\frac{1}{5}}=\dfrac{800}{13}$	$\dfrac{50}{\frac{1}{880/9}+\frac{1}{250/3}+\frac{1}{800/13}}=\dfrac{2200000}{1693}$

これにより、比例配分値は次の表のようになる。最右列の提携 ABC に対する比例配分値のみで十分であるが、例示のため、他の提携に対する比例配分値も求めた。

提携		A	B	C	AB	AC	BC	ABC
比例配分値 (Prop)	A	10	-	-	$\dfrac{880/9}{8}=12\dfrac{2}{9}$	$\dfrac{250/3}{5}=16\dfrac{2}{3}$	-	$\dfrac{2200000/1693}{800/13}=21\dfrac{197}{1693}=21.1\cdots$
	B	-	8	-	$\dfrac{880/9}{10}=9\dfrac{7}{9}$	-	$\dfrac{800/13}{5}=12\dfrac{4}{13}$	$\dfrac{2200000/1693}{250/3}=15\dfrac{1005}{1693}=15.6\cdots$
	C	-	-	5	-	$\dfrac{250/3}{10}=8\dfrac{1}{3}$	$\dfrac{800/13}{8}=7\dfrac{9}{13}$	$\dfrac{2200000/1693}{880/9}=13\dfrac{491}{1693}=13.3\cdots$

コストゲーム

コストゲーム (N,c) とは提携 S だけで目的を達成するためにかかるコストが $c(S)$ で与えられている状況において、全体提携 N で負担すべきコスト $c(N)$ をいかに負担するかを考察するゲームである。

提携 S を形成することによる（各人が別々に負担する総額からの）節約分を

$$v(S) := \sum_{j \in S} c(\{j\}) - c(S)$$

とおけば、今までに述べてきた利益を扱うゲーム (N,v) に変換できる。ここではシャープレイ値と準平衡ゲームのタウ値を記して

おく。

シャープレイ値

$$\text{Sh}_j(N,c) := \sum_{T:j \in T \subset N} \frac{(n-t)!(t-1)!}{n!}[c(T)-c(T-\{j\})]$$

タウ値（準平衡ゲームの場合）

上限ベクトル $b := (b_1,...,b_n)$、ただし、$b_j := c(N) - c(N-\{j\})$、ギャップ関数 $g(S) := c(S) - \sum_{j \in S} b_j$、譲歩ベクトル $\lambda := (\lambda_1,...,\lambda_n)$、ただし、

$\lambda_j := \min\{g(S) \mid j \in S \subset N\}$ と定義する。$\begin{cases} g(S) \geq 0 \ (\forall S \subset N) \\ \sum_{j \in N} \lambda_j \geq g(N) \end{cases}$ が成立すれば、準

平衡ゲームで、その時のタウ値は $\text{Tau}(N,c) := \begin{cases} b & \left(\sum_{j \in N} \lambda_j = 0\right) \\ b + \frac{g(N)}{\sum_{j \in N} \lambda_j} \lambda & \left(\sum_{j \in N} \lambda_j > 0\right) \end{cases}$ である。

シャープレイ値とタウ値が容易に計算できる施設維持費配分問題を紹介する。

施設維持費配分問題

いくつかの施設があり利用者はその維持費を負担しなければならない（下図を参照）。各施設をその維持費とそれを利用するメンバーで表す。$P \subset 2^N$ とし $\{c_S \mid S \in P\}$ が与えられている。ただし、$c_S > 0 \ (\forall S \in P)$ とする。c_S が施設の維持費で S がその施設を利用するメンバーである。コストゲーム (N,c) を次のように定義する。

$$c(S) := \sum_{T \in P} c_T w_T(S)$$

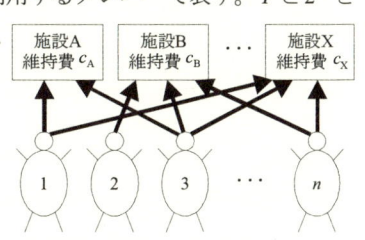

A={1,3,...}, B={2,3,...,n},..., X={1,3,...,n}

維持費の合計 $c_A + c_B + \cdots + c_X$ を
$1,2,...,n$ でいかに負担するか？

ただし、$w_T(S) := \begin{cases} 0 & (S \cap T = \emptyset) \\ 1 & (S \cap T \neq \emptyset) \end{cases}$ である。$c(S)$はSのメンバーが利用する施設の維持費の和を表す。コスト c は各施設のコスト $c_T w_T (T \in P)$ の和として与えられている。このデータを元にすべての施設の維持費の総和 $c(N)$ をいかに負担するか？が問題である。

この時、シャープレイ値は

$$\mathrm{Sh}_j(N, c) = \sum_{S: j \in S \subset P} \frac{c_S}{|S|}$$

となる。すなわち、各施設の維持費はそれを利用する人で等分する、になる。

また、タウ値は

$$\mathrm{Tau}_j(N, c) = \begin{cases} c_{\{j\}} + \dfrac{\sum_{S:(j \in S \in P) \wedge (|S| \geq 2)} c_S}{\sum_{S:(S \in P) \wedge (|S| \geq 2)} |S| c_S} \left[\sum_{S:(S \in P) \wedge (|S| \geq 2)} c_S \right] & (\{j\} \in P) \\ \dfrac{\sum_{S:(j \in S \in P) \wedge (|S| \geq 2)} c_S}{\sum_{S:(S \in P) \wedge (|S| \geq 2)} |S| c_S} \left[\sum_{S:(S \in P) \wedge (|S| \geq 2)} c_S \right] & (\{j\} \notin P) \end{cases}$$

となる。すなわち、まず、1 人で利用する施設があればその維持費はその人 1 人で負担する。次に、2 人以上で利用している残りの施設の維持費の総額を、延べの利用者で、各利用者が 1 人でその施設を利用した場合の負担費用（すなわち、その施設の維持費）、の比率により比例配分する。

施設維持費配分問題のシャープレイ値とタウ値を比較する。どちらの値も、自分（j とする）が利用する施設により発生する費用の和 $\sum_{S: j \in S \in P} \mathrm{CostBy}(S)$ とみなせる。シャープレイ値では自分が利用した施設 S による費用 $\mathrm{CostBy}(S)$（$= \mathrm{Sh}(S)$ とおく）はその施設の費用を利用人数で割った $\mathrm{Sh}(S) = c_S/|S|$ となり、自分が利用しなかった施設の維持費を払わない。タウ値では（$\mathrm{CostBy}(S)$（$= \mathrm{Tau}(S)$ とおく））必ずしもそうではない。自分 1 人のみが利用する施設に関してはその人のみが負担する（$\mathrm{Tau}(\{j\}) = c_{\{j\}} (\{j\} \in P)$)。しかし、2 人以上が利用する施設 S の利用により発生する費用に関しては、

$\mathrm{Tau}(S) = \dfrac{c_S}{\sum_{S:(S\in P)\wedge(|S|\geq 2)}|S|c_S}\sum_{S:(S\in P)\wedge(|S|\geq 2)}c_S$ となり、自分の利用しなかった施設の維持費も含む費用 $\sum_{S:(S\in P)\wedge(|S|\geq 2)}c_S$ を、自分が利用した施設の費用 c_S の比率に応じて、負担することになっている。

シャープレイ値のおける、自分が利用した施設による費用 Sh() と、タウ値における、費用 Tau() の性質を考察する。

自分1人のみが利用する施設の費用に関しては、シャープレイ値とタウ値のどちらの値も、その人のみが負担するので、一致する。

2人以上が利用する施設の利用により発生する費用に関して、

$$\dfrac{\mathrm{Sh}(S)}{\mathrm{Sh}(T)} = \dfrac{c_S}{c_T}\dfrac{|T|}{|S|}$$

$$\dfrac{\mathrm{Tau}(S)}{\mathrm{Tau}(T)} = \dfrac{c_S}{c_T} \quad (|S|,|T| \geq 2)$$

である。

$t^* = \dfrac{\sum_{S:(S\in P)\wedge(|S|\geq 2)}|S|c_S}{\sum_{S:(S\in P)\wedge(|S|\geq 2)}c_S}$ とおくと、$\dfrac{\mathrm{Tau}(T)}{\mathrm{Sh}(T)} = \begin{cases} 1 & (|T|=1) \\ \dfrac{|T|}{t^*} & (|T|\neq 1) \end{cases}$ である。

以上のシャープレイ値とタウ値の関係をまとめると、

1. シャープレイ値においては、各プレイヤーは利用した施設の費用のみを負担するが、タウ値においてはそうではない。
2. タウ値においては、プレイヤーが利用した（2人以上が利用する）施設の利用により発生する費用の比はその施設を1人で利用した場合の費用の比に等しいが、シャープレイ値においては、そうではない。
3. 施設の利用により発生する費用は、施設の利用者が1人の時は、シャープレイ値とタウ値で一致するが、施設の利用者が（t^* よりも）少ない場合はシャープレイ値の方がタウ値よりも高く、施設の利用者が（t^* よりも）多い場合はシャープレイ値の方がタウ値よりも安い。

「（たとえ、維持費が高い施設を少人数で利用している場合でも）各施設の

維持費用はそれを利用した人で賄うべきである」ならば、1.より、シャープレイ値が望ましい。しかし、「（例えば、維持費が高い施設を少人数で利用していて、この施設利用者の負担する費用を少しでも軽くしたい等の場合、）2人以上が利用するどの施設の維持費用も全体で（1人で利用した場合の費用の比率で）比例配分して負担するべきである」ならば、2より、タウ値が望ましい。3より、施設の利用者が1人の時を除き、利用者が少ない施設を利用する人はシャープレイ値よりもタウ値において少なく負担し、利用者が多い施設を利用する人はシャープレイ値よりもタウ値において多く負担する。

例（レジャー施設）

A、B、等の施設の名前をそれらの利用者の集合として利用する。$c_A = 50, c_B = 20, c_C = 50, c_D = 100, c_E = 30$、$|A|=120, |B|=20, |C|=40, |D|=230, |E|=80$である。$\frac{c_A}{|A|} = 0.4167, \frac{c_B}{|B|} = 1, \frac{c_C}{|C|} = 1.25, \frac{c_D}{|D|} = 0.4348, \frac{c_E}{|E|} = 0.375$ より、シャープレイ値では、Aを利用する人は4,167円、Bを利用する人は10,000円、Cを利用する人は12,500円、Dを利用する人は4,348円、Eを利用する人は3,750円を負担することになる。

次に、タウ値を求める。まず、1人だけで利用している施設はない。従って、総費用 50+20+50+100+30=250 が比例配分の対象であり、

$$250 \times \frac{c_A}{|A|c_A + |B|c_B + |C|c_C + |D|c_D + |E|c_E} = 250 \times \frac{50}{33800} = 0.3698$$

$$250 \times \frac{c_B}{|A|c_A + |B|c_B + |C|c_C + |D|c_D + |E|c_E} = 250 \times \frac{20}{33800} = 0.1479$$

$$250 \times \frac{c_C}{|A|c_A + |B|c_B + |C|c_C + |D|c_D + |E|c_E} = 250 \times \frac{50}{33800} = 0.3698$$

$$250 \times \frac{c_D}{|A|c_A + |B|c_B + |C|c_C + |D|c_D + |E|c_E} = 250 \times \frac{100}{33800} = 0.7396$$

$$250 \times \frac{c_E}{|A|c_A + |B|c_B + |C|c_C + |D|c_D + |E|c_E} = 250 \times \frac{30}{33800} = 0.2219$$

より、Aを利用する人は3,698円、Bを利用する人は1,479円、Cを利用する人

は 3,698 円、D を利用する人は 7,396 円、E を利用する人は 2,219 円を支払う。

例（レンタル利用）

A、B、等で耕運機、除雪機、などの利用者の集合を表す。$c_A = 30, c_B = 6, c_C = 9, c_D = 3, c_E = 3, c_F = 2$、|A|=6, |B|=3, |C|=3, |D|=8, |E|=1, |F|=2 である。$\frac{c_A}{|A|} = 5, \frac{c_B}{|B|} = 2, \frac{c_C}{|C|} = 3, \frac{c_D}{|D|} = 0.375, \frac{c_E}{|E|} = 3, \frac{c_F}{|F|} = 1$ より、シャープレイ値では、耕運機は 5,000 円、除雪機は 2,000 円、大豆ミンサーは 3,000 円、臼と杵は 375 円、こいのぼりは 3,000 円、リヤカーは 1,000 円のレンタル料を払うことになる。

次に、タウ値を求める。まず、1 軒しか利用しないこいのぼりはその人が 3,000 円全額を負担する。残りの費用 30+6+9+3+2=50 を比例配分すると、

$$50 \times \frac{c_A}{|A|c_A + |B|c_B + |C|c_C + |D|c_D + |F|c_F} = 50 \times \frac{30}{253} = 5.929$$

$$50 \times \frac{c_B}{|A|c_A + |B|c_B + |C|c_C + |D|c_D + |F|c_F} = 50 \times \frac{6}{253} = 1.186$$

$$50 \times \frac{c_C}{|A|c_A + |B|c_B + |C|c_C + |D|c_D + |F|c_F} = 50 \times \frac{9}{253} = 1.779$$

$$50 \times \frac{c_D}{|A|c_A + |B|c_B + |C|c_C + |D|c_D + |F|c_F} = 50 \times \frac{3}{253} = 0.593$$

$$50 \times \frac{c_F}{|A|c_A + |B|c_B + |C|c_C + |D|c_D + |F|c_F} = 50 \times \frac{2}{253} = 0.395$$

より、耕運機は 5,929 円、除雪機は 1,186 円、大豆ミンサーは 1,779 円、臼と杵は 593 円、リヤカーは 395 円のレンタル料を払うことになる。

空港ゲーム

施設維持費配分問題の特別な場合である。

$N \coloneqq N_1 \cup \cdots \cup N_m, 0 < C_1 < \cdots < C_m$ とする。 $c(S) \coloneqq \max\{C_j \mid S \cap N_j \neq \emptyset\}$
$c_N \coloneqq C_1, c_{N-N_1} \coloneqq C_2 - C_1, c_{N-N_1-N_2} \coloneqq C_3 - C_2, \ldots, c_{N-N_1-\cdots-N_{m-1}} \coloneqq C_m - C_{m-1}$、
$P \coloneqq \{N, N-N_1, \ldots, N-N_1-\cdots-N_{m-1}\}$ とおけば、$c(S) = \sum_{T \in P} c_T w_T(S)$ となる。従って、シャープレイ値とタウ値は既述の公式で求めることができる。

例（空港ゲーム）

小型機、中型機、大型機の 3 種類の飛行機が利用する空港を想定する。小型機は「小型機用」の大きさの空港が必要であり、中型機は「中型機用」の大きさの空港が必要であり、大型機は「大型機用」の大きさの空港が必要である。従って、この空港の実際の大きさは「大型機用」の大きさである。それぞれの大きさの空港の月間の維持費が下の表のように与えられている。

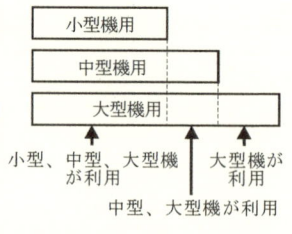

(1) 小型機が 2 機、中型機が 3 機、大型機が 1 機の場合と (2) 小型機が 2 機、中型機が 3 機、大型機が 2 機の場合について、その費用負担をシャープレイ値とタウ値を利用して求めよう。

月間維持費		
小型機用	中型機用	大型機用
2,100	2,500	2,900

(1) 下の表を参考にする。$\frac{c_A}{|A|} = 350, \frac{c_B}{|B|} = 100, \frac{c_C}{|C|} = 400$ より、シャープレイ値は次の通りである。小型機 1 機当たり 350、中型機 1 機当たり 350+100=450、大型機 1 機当たり 350+100+400=850 となる。次に、タウ値を求める。$|C|=1$ であるので、$c_C = 400$ は大型機がまず払う。残りの 2,500 を次のように比例配分して、

$$2500 \times \frac{c_A}{|A|c_A + |B|c_B} = 2500 \times \frac{21}{142} = 369.72$$

$$2500 \times \frac{c_B}{|A|c_A + |B|c_B} = 2500 \times \frac{4}{142} = 70.42$$

結局、小型機 1 機当たり 369.72、中型機 1 機当たり 369.72+70.42=440.14、大型機 1 機当たり 369.72+70.42+400=840.14 となる。

(2) 下の表を参考にする。$\frac{c_A}{|A|} = 300, \frac{c_B}{|B|} = 80, \frac{c_C}{|C|} = 200$ より、シャープレイ値は次の通りである。小型機 1 機当たり 300、中型機 1 機当たり 300+80=380、大型機 1 機当たり 300+80+200=580 となる。次に、タウ値を求める。総費用 2,900 を次のように比例配分して、

	小型機用	中型機用−小型機用	大型機用−中型機用
	$c_A = 2,100$	$c_B = 2,500 - 2,100 = 400$	$c_C = 2,900 - 2,500 = 400$
小型機	2		
中型機	3	3	
大型機	1　　　　2	1　　　　2	1　　　　2
	(1) |A|=6　(2) |A|=7	(1) |B|=4　(2) |B|=5	(1) |C|=1　(2) |C|=2

$$2900 \times \frac{c_A}{|A|c_A + |B|c_B + |C|c_C} = 2900 \times \frac{21}{175} = 348$$

$$2900 \times \frac{c_B}{|A|c_A + |B|c_B + |C|c_C} = 2900 \times \frac{4}{175} = 66.29$$

$$2900 \times \frac{c_C}{|A|c_A + |B|c_B + |C|c_C} = 2900 \times \frac{4}{175} = 66.29$$

結局、小型機 1 機当たり 348、中型機 1 機当たり 348+66.29=414.29、大型機 1 機当たり 348+66.29+66.29=480.58 となる。

まとめ

この章において、一点解である、シャープレイ値、仁、タウ値、団結値、最小二乗準仁、ニュー値を主に紹介した。この 6 つの解の中で「どの解を

解	加法性	ダミープレイヤー性	最小二乗値
Nuc	×	○	×
Tau	×	○	×
Sh	○	○	○
LSpNuc	○	×	○
Nyu	○	×	○
Sol	○	×	×

使うべきか？」に対しては「当事者が合意する解を使う」であろう。その際の助けとなるように、上の表に性質をまとめておく。ETP はすべての解が満たすので、表では省略した。また、各解の特徴を下の表にまとめておく。

解	特徴
Nuc	不満の最小化
Tau	全体提携に対する限界提携値による上限と下限の評価、譲歩量の比例配分
Sh	期待限界提携値；相手に対する自分の貢献を、ランダムに順列を生成すると仮定し、相手を全く無視し、自分が到着した時にでき

	る提携の提携値の期待値で見積もる。
LSpNuc	相手に対する自分の貢献を、提携への参加不参加を等確率で選ぶ提携形成過程で、自分を含み相手を含まない提携にのみ着目し、その提携値の期待値で見積もる。
Nyu	相手に対する自分の貢献を、ランダムに順列を生成すると仮定し、自分と相手の両方が到着した時にできる、自分を含み相手を含まない提携の提携値の期待値で見積もる。
Sol	期待平均限界提携値；シャープレイ値に比べ、弱いプレイヤーを優遇し、強いプレイヤーを冷遇する。

　この表により、例えば、不満を最小化したいならば、仁を利用するのが適切であろう。加法性を満たし、（シャープレイ値に比べ）弱いプレイヤーを優遇し強いプレイヤーを冷遇したければ、団結値を利用するのが適切であろう。加法性（全体の問題を部分に分離して考える）が適切でなく、全体提携に対する限界提携値により上限と下限を評価し、比例配分するのが望まれるならば、タウ値が適切であろう。加法性、ダミープレイヤー性が必要ならば（または、期待限界提携値が望ましいならば）シャープレイ値が適切であろう。最小二乗値が望まれ、自分の相手に対する貢献が上の表の特徴の列の LSpNuc、または、Nyu の行に述べられたように見積もれるならば、最小二乗準仁、または、ニュー値が適切であろう。

3章　正比例に近い整数による配分

　破産問題の解としては比例配分法が多くの望ましい性質を満たしていることが分かった。しかしながら、問題の性質上、どうしても比例配分法を適用できない場合がある。それは配分すべきものが分割できない場合である。この章ではこの問題を扱う。

パート1：例題編

例1：ペットボトルの飲料水

　夏も過ぎ、秋が来た頃、村に集中豪雨があり、山間部のある地区が土砂崩れと、洪水で陸の孤島のようになった。村役場では、災害対策本部が設けられて、いち早く飲料水の供給を行うことにしたのだが、道路が寸断されているので、空輸することにした。運搬できる量が限られペットボトルで50本である。その地区には6世帯あり、それぞれの家族数は異なる。小児、高齢者、病人など各戸の事情を考慮して算出した必要度を表す数値はA、B、C、D、E、Fの順に18、16、12、11、8、7である。この数値に基づいて各世帯にペットボトルを何本ずつ配給すればよいか、を決定する。

　分りやすくて不公平感がなく、比較的容易に答えが得られる方法ががあれば、合意を得られやすいので望ましい。

　　📀 数理的見方

　ペットボトルを各世帯の必要度に正比例して配給しようとすると、Aは $50 \times \frac{18}{72} = 12.5$ 、Bは $50 \times \frac{16}{72} = 11.11\cdots$ 、Cは $50 \times \frac{12}{72} = 8.33\cdots$ 、Dは $50 \times \frac{11}{72} = 7.63$ 、Eは $50 \times \frac{8}{72} = 5.55\cdots$ 、Fは $50 \times \frac{7}{72} = 4.86\cdots$ となる。ペットボ

トルを 1 本単位で配給したいので、小数部分を丸めて整数にしなければならない。このような方法の中で簡単な**ハミルトン法**（94 ページの「ハミルトン法」の説明と 105 ページの「例（ペットボトルの飲料水）」を参照）を適用しよう。まず、整数部分で（12、11、8、7、5、4 本ずつに）分け、余った分（3 本）を 1 本ずつ小数部分が大きい世帯から順番に（F、D、E に）分ける。実際に、ハミルトン法で分けると、A は 12 本、B は 11 本、C は 8 本、D も 8 本、E は 6 本、F は 5 本、となる。このハミルトン法は直観的に分りやすく簡単に求まるので、皆の合意が得やすい。

例 2：山菜採り

　春になると村の山々に山菜が芽吹き、村人たちは山の恵みを各家庭で春の到来を喜びながら、味わう。その頃になると村の山菜加工場は村人による山菜の持込を奨励し、その量に対して商店街の商品券を配布する。ある日曜日、役場は山菜を集めることをもっと奨励するために山菜集めコンテストを開いた。当日は、特別にお得な商品券 50 枚が用意され、ヤマブキの束を集めた各グループに成果に応じて配布される。山菜通の村人からなる 4 グループが参加して、各々がヤマブキの生えている場所を知っている山に分け入った。A、B、C、D の各グループはそれぞれ 12 束、50 束、85 束、100 束という結果になった。50 枚の商品券を成果に比例して配分することにした。

　例 1 と同様に、50 枚の商品券をハミルトン法で分けると（106 ページの「例（山菜採り）を参照」）、A から D は 3、10、17、20 枚ずつとなり、決まりかけたとき、村長は言った「商品券をもう一枚追加します」と。そこで、51 枚の商品券を再度ハミルトン法で分けると、A は 2 枚、B は 10 枚、C は 18 枚、D は 21 枚となり、商品券の総数が増えたのに A グループは 3 枚から 2 枚に減った。A グループは配分方法に納得いかず別の方法で分けなおすことを主張した。また、コンテストの結果は、グループによって成果に大きな差がある。コンテストの趣旨から、少量しか集められなかったグループにやや配慮するのが望ましいということになった。さてどうするか？

> 📐 数理的見方

商品券の総数が増えたにもかかわらず、配分される枚数が減る現象は**アラバマパラドックス**（107 ページの「アラバマパラドックス」を参照）と呼ばれる。この現象が起こらない除数法と呼ばれる 5 つの方法がある。それは**アダムズ法、ディーン法、ヒル法、ウェブスター法、ジェファーソン法**、（95 ページの「アダムズ法」から 96 ページの「ジェファーソン法」の説明を参照）である。これらの方法を適用した結果は次の表のようになる（106 ページの「例（山菜採り）」を参照）。

商品券が 50 枚の場合

	A	B	C	D
要求量	12	50	85	100
比例配分	2.4	10.1	17.2	20.2
ハミルトン法	3	10	17	20
アダムズ法	3	10	17	20
ディーン法	3	10	17	20
ヒル法	3	10	17	20
ウェブスター法	2	10	17	21
ジェファーソン法	2	10	17	21

商品券が 51 枚の場合

	A	B	C	D
要求量	12	50	85	100
比例配分	2.4	10.3	17.5	20.6
ハミルトン法	2	10	18	21
アダムズ法	3	11	17	20
アダムズ法	3	10	18	20
アダムズ法	3	10	17	21
ディーン法	3	10	17	21
ヒル法	3	10	17	21
ウェブスター法	3	10	18	21
ジェファーソン法	2	10	18	21

コンテストの趣旨から、この中で要求量の少ない A を有利に扱うアダムズ法を適用することにする（107 ページの「**バイアス**」の説明を参照）。この場合アダムズ法には 3 つの解 (3,11,17,20), (3,10,18,20), (3,10,17,21) があり、それのうちどれを利用するかに関して、さらにくじ引きなどで決定する必要がある。

パート 2：解説と計算編

比例配分に近い整数による配分問題の定義といくつかの解とその性質等を扱う。

整数による配分問題

A 個の資源を n 人のプレイヤーに配分する。プレイヤー j の要求量は d_j（整数値）で与えられる。A 個の資源をなるべく $d := (d_1,...,d_n)$ に正比例して配分したい。この問題を $(A;d)$ で表す。プレイヤーの集合を $N := \{1,...,n\}$ とし、比例配分法による A の配分を $q := (q_1,...,q_n)$ とおく。ただし、$q_j := A \dfrac{q_j}{\sum_{k \in N} q_k}$ である。

正確に比例配分（上記の q で分ける）を行うと、配分量が整数にならない場合があり、整数に丸める必要が起こる。この丸め方にハミルトン（Hamilton）法、アダムズ（Adams）法、ディーン（Dean）法、ヒル（Hill）法、ウェブスター（Webster）法、ジェファーソン（Jefferson）法、等が知られている。この章では、この6つの解を紹介する。

整数による配分問題の解

配分方法を問題 $(A;d)$ の集合から配分への関数 f とする。すなわち、$f(A;d) := (f_1(A;d),...,f_n(A;d))$ とする。ただし、$f_i(A;d)$ はプレイヤー j に配分する個数であり、整数の値をとる。また、$\sum_{i \in N} f_i(A;d) = A$ である。

ハミルトン法（Ham）

まず、各プレイヤー j にその比例配分 q_j の整数部分を与える。残った資源を q_j の少数部分が大きいプレイヤーから順に1個ずつなくなるまで与える。

以下に述べるアダムズ法からジェファーソン法は、**除数法**と呼ばれるものである。基本的に、次の手順で求められる。プレイヤー j の要求額 d_j をプレイヤー間で共通の除数と呼ばれる x で割る。この商 $\dfrac{d_j}{x}$ を区間 (a_j, a_j+1) が含むように整数 a_j を求める。

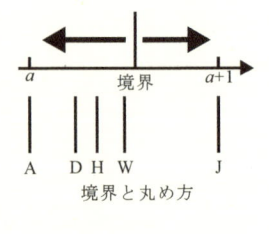

この商 $\dfrac{d_j}{x}$ が各方法で与えられた境界の左にあれば、小さい方の整数値 a_j に、

境界と丸め方

右にあれば、大きい方の整数値 a_j+1 に丸める（上図参照）。正確には、プレイヤー j に以下の量を与える。配分量の総和が A となるように x を調整する。詳しく言えば、配分量の総和が A よりも大きい場合は x を大きくし、逆に、配分量の総和が A よりも小さい場合は x を小さくする。

アダムズ法（Adams）

$a_j < \dfrac{d_j}{x} \leq a_j+1$ ならば、$\mathrm{Adams}_j(A;d) = a_j+1$ を与える（切上する）。

ディーン法（Dean）

$a_j \leq \dfrac{d_j}{x} < \dfrac{2a_j(a_j+1)}{2a_j+1}$ [7]ならば、$\mathrm{Dean}_j(A;d) = a_j$ を与える。

$\dfrac{d_j}{x} = \dfrac{2a_j(a_j+1)}{2a_j+1}$ ならば、$\mathrm{Dean}_j(A;d) = a_j$ または a_j+1 を与える。

$\dfrac{2a_j(a_j+1)}{2a_j+1} < \dfrac{d_j}{x} < a_j+1$ ならば、$\mathrm{Dean}_j(A;d) = a_j+1$ を与える。

ヒル法（Hill）

$a_j \leq \dfrac{d_j}{x} < \sqrt{a_j(a_j+1)}$ [8]ならば、$\mathrm{Hill}_j(A;d) = a_j$ を与える。

$\dfrac{d_j}{x} = \sqrt{a_j(a_j+1)}$ [9]ならば、$\mathrm{Hill}_j(A;d) = a_j$ または a_j+1 を与える。

$\sqrt{a_j(a_j+1)} < \dfrac{d_j}{x} < a_j+1$ ならば、$\mathrm{Hill}_j(A;d) = a_j+1$ を与える。

---

[7] $\dfrac{2a_j(a_j+1)}{2a_j+1} = \dfrac{2a_j(a_j+1)}{a_j+(a_j+1)}$ は a_j と a_j+1 の調和平均と呼ばれる。

[8] $\sqrt{a_j(a_j+1)}$ は a_j と a_j+1 の相乗平均と呼ばれる。

[9] x を有理数に限定しても問題はない。そのようにすれば、左辺は有理数、右辺は無理数なので、この場合は起こらない。

ウェブスター法（Web）

$a_j \leq \dfrac{d_j}{x} < \dfrac{2a_j+1}{2}$ [10] ならば、$\text{Web}_j(A;d) = a_j$ を与える。

$\dfrac{d_j}{x} = \dfrac{2a_j+1}{2}$ ならば、$\text{Web}_j(A;d) = a_j$ または a_j+1 を与える。

$\dfrac{2a_j+1}{2} < \dfrac{d_j}{x} < a_j+1$ ならば、$\text{Web}_j(A;d) = a_j+1$ を与える。

（大雑把に言えば、四捨五入する。）

ジェファーソン法（Jeff）

$a_j \leq \dfrac{d_j}{x} < a_j+1$ ならば、$\text{Jeff}_j(A;d) = a_j$ を与える（切捨てする）。

これらの方法の境界の大小は

$$a \leq \dfrac{2a(a+1)}{2a+1} \leq \sqrt{a(a+1)} < \dfrac{2a+1}{2} < a+1 \ (a=0,1,...)$$

となる。ただし、等号は $a=0$ の時のみ成立する。

優先法

上記において配分方法を、資源の総量 A を一度に配分する考え方で説明した。しかし、ハミルトン法以外は、A を一度に配分するのではなく、1個ずつ、（プレイヤーの要求量とその時点でのプレイヤーへの既配分量に依存した）優先度の高いプレイヤーに配分する、

配分方法	優先度 $r(d,a)$
アダムズ法	$\dfrac{d}{a}$
ディーン法	$\dfrac{d}{\dfrac{2a(a+1)}{2a+1}}$
ヒル法	$\dfrac{d}{\sqrt{a(a+1)}}$
ウェブスター法	$\dfrac{d}{\dfrac{2a+1}{2}}$
ジェファーソン法	$\dfrac{d}{a+1}$

---

[10] $\dfrac{2a_j+1}{2} = \dfrac{a_j+(a_j+1)}{2}$ は a_j と a_j+1 の相加平均と呼ばれる。

というように解釈可能である。このように解釈できる配分方法を優先法と呼ぶ。優先法は一対一貫性を満たす。

各配分方法の優先度は上の表で与えられる。$r(d,a)$ は d の要求量を持つプレイヤーが a 個の配分を受けている時の優先度である。

例（簡単な例）

$A=5, d=(7,11,29,41)$ の解を求める。

	P₁	P₂	P₃	P₄	合計
要求量	7	11	29	41	88
比例配分	0.39…	0.625	1.64…	2.32…	5

比例配分の整数部分の和は 0+0+1+2=3 であるので 2 個残る。小数部分の大きい方から 2 人を選ぶと、P₃ と P₂ より、Ham=(0,1,2,2) となる。

以下に、解を与える除数の値とその解を列挙する。

図において 1 列目は除数 x の値、2 列目以降は 3 列ずつ、各プレイヤー（A、B、・・・と呼ぶこともある）に対応する。まず、2 列目はプレイヤーの要求量を除数 x で割った値、3 列目は各方法における境界の値、4 列目は各方法によって丸められた配分、である。ただし、アダムズ法とジェファーソン法では「境界」のところに「切上げ」、「切捨て」と書かれている。解を与える除数 x は一意とは限らない。

```
除数法                                                        _ □ ×
                配分すべき資源: 5  単位資源当たりの要求量: 88/5 = 17+3/5
Adams法 ▼ 除数(x):              28 増分:            5 個数: 4 ▼ 計算
                              切上げ
        A    A    A    B    B    B    C    C    C    D    D    D
要求(d)  7         11        29        41
除数(x)  d/x  境界 配分 d/x  境界 配分 d/x  境界 配分 d/x  境界 配分 和
   28  0.25  切上げ  1 0.3928 切上げ 1 1.0357 切上げ 2 1.4642 切上げ 2   6
   33  0.2121 切上げ 1 0.3333 切上げ 1 0.8787 切上げ 1 1.2424 切上げ 2   5
   38  0.1842 切上げ 1 0.2894 切上げ 1 0.7631 切上げ 1 1.0789 切上げ 2   5
   43  0.1627 切上げ 1 0.2558 切上げ 1 0.6744 切上げ 1 0.9534 切上げ 1   4
```

$x=33(38)$, Adams=(1,1,1,2)

x=25(29), Dean=(1,1,1,2)

x=24(28), Hill=(1,1,1,2)

x=17(18,19), Web=(0,1,2,2)

3章　正比例に近い整数による配分　99

[除数法ウィンドウ: 配分すべき資源: 5　単位資源当たりの要求量: 88/5 = 17+3/5　Jefferson法　除数(x): 10.5　増分: 1　個数: 5　計算　切捨て]

除数(x)	A 要求(d)=7 d/x	A 境界	A 配分	B d=11 d/x	B 境界	B 配分	C d=29 d/x	C 境界	C 配分	D d=41 d/x	D 境界	D 配分	和
10.5	0.6666...	切捨て	0	1.0476...	切捨て	1	2.7619...	切捨て	2	3.9047...	切捨て	3	6
11.5	0.6086...	切捨て	0	0.9565...	切捨て	0	2.5217...	切捨て	2	3.5652...	切捨て	3	5
12.5	0.56	切捨て	0	0.88	切捨て	0	2.32	切捨て	2	3.28	切捨て	3	5
13.5	0.5185...	切捨て	0	0.8148...	切捨て	0	2.1481...	切捨て	2	3.0370...	切捨て	3	5
14.5	0.4827...	切捨て	0	0.7586...	切捨て	0	2	切捨て	2	2.8275...	切捨て	2	4

x=11.5(12.5,13.5), Jeff=(0,0,2,3)

優先法とみなして求めると、以下のようになる。配分する資源の総個数が少ない場合は、優先法で求めるほうが簡単である。

[整数による配分ウィンドウ: 配分すべき資源:5個, 除数 x の値:29=29.0　優先法として解を求める]

個数(a)	P1	P2	P3	P4
要求量(d)	7	11	29	41
比例配分	0.3977272727...	0.625	1.6477272727...	2.3295454545...
Adams法1	1	1	1	2
r(d,a)				
0	infinity	infinity	infinity	infinity
1	7	11	29	41
2	3.5	5.5	14.5	20.5
3	2.3333333333...	3.6666666666...	9.6666666666...	13.666666666...

r(d,a)=d/a, r(d,a)<=x<r(d,a-1) -> a

優先度の高い順に 5 個選ぶと、4 個の infinity と 41 となり、Adams=(1,1,1,2)となる。以下も同様である。

整数による配分 — Dean法

配分すべき資源：5個、除数 x の値：22=22.0
優先法として解を求める

個数(a)	P1	P2	P3	P4
要求量(d)	7	11	29	41
比例配分	0.3977272727...	0.625	1.6477272727...	2.3295454545...
Dean法1	1	1	1	2
	r(d,a)			
0	infinity	infinity	infinity	infinity
1	5.25	8.25	21.75	30.75
2	2.9166666666...	4.5833333333...	12.0833333333...	17.0833333333...
3	2.0416666666...	3.2083333333...	8.4583333333...	11.958333333...

$r(d,a)=d(2a+1)/2a(a+1)$, $r(d,a) < x < r(d,a-1) \to a$, $x=r(d,a) \to a$ or $a+1$

Dean=(1,1,1,2)

整数による配分 — Hill法

配分すべき資源：5個、除数 x の値：21=21.0
優先法として解を求める

個数(a)	P1	P2	P3	P4
要求量(d)	7	11	29	41
比例配分	0.3977272727...	0.625	1.6477272727...	2.3295454545...
Hill法1	1	1	1	2
	r(d,a)			
0	infinity	infinity	infinity	infinity
1	4.9497474683...	7.7781745930...	20.506096654...	28.991378028...
2	2.8577380332...	4.4907311951...	11.839200423...	16.738179909...
3	2.0207259421...	3.1754264805...	8.3715789032...	11.835680518...

$r(d,a)=d/\sqrt{a(a+1)}$, $r(d,a) < x < r(d,a-1) \to a$, $x=r(d,a) \to a$ or $a+1$

Hill=(1,1,1,2)

3章　正比例に近い整数による配分　101

[Webster法のスクリーンショット：配分すべき資源:5 個, 除数 x の値:17=17.0, 優先法として解を求める]

	P1	P2	P3	P4
要求量(d)	7	11	29	41
比例配分	0.3977272727...	0.625	1.6477272727...	2.3295454545...
Webster法1	0	1	2	2
個数(a)	r(d,a)			
0	14	22	58	82
1	4.6666666666...	7.3333333333...	19.333333333...	27.333333333...
2	2.8	4.4	11.6	16.4
3	2	3.1428571428...	8.2857142857...	11.714285714...

$r(d,a)=2d/(2a+1)$, $r(d,a)<x<r(d,a-1) \to a$, $x=r(d,a) \to a$ or $a+1$

Web=(0,1,2,2)

[Jefferson法のスクリーンショット：配分すべき資源:5 個, 除数 x の値:12=12.0, 優先法として解を求める]

	P1	P2	P3	P4
要求量(d)	7	11	29	41
比例配分	0.3977272727...	0.625	1.6477272727...	2.3295454545...
Jefferson法1	0	0	2	3
個数(a)	r(d,a)			
0	7	11	29	41
1	3.5	5.5	14.5	20.5
2	2.3333333333...	3.6666666666...	9.6666666666...	13.666666666...
3	1.75	2.75	7.25	10.25
4	1.4	2.2	5.8	8.2

$r(d,a)=d/(a+1)$, $r(d,a)<x<=r(d,a-1) \to a$

Jeff=(0,0,2,3)

まとめると、以下のようになる。

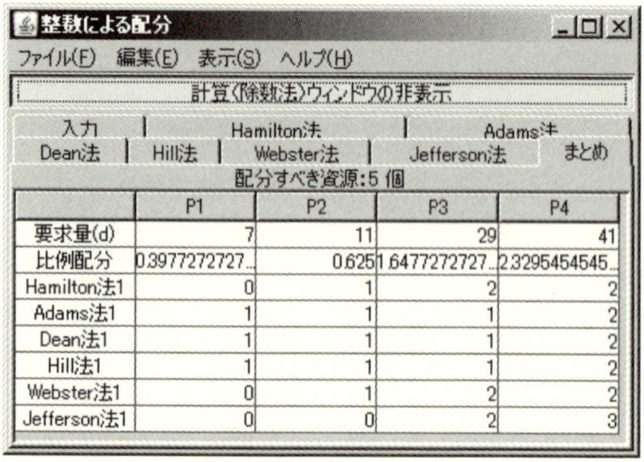

	P1	P2	P3	P4
要求量(d)	7	11	29	41
比例配分	0.3977272727...	0.625	1.6477272727...	2.3295454545...
Hamilton法1	0	1	2	2
Adams法1	1	1	1	2
Dean法1	1	1	1	2
Hill法1	1	1	1	2
Webster法1	0	1	2	2
Jefferson法1	0	0	2	3

例（アダムズ法に 2 通りの解がある例）

A=7, *d*=(12,50,85,100)の解を求める。アダムズ法のみを優先法と除数法で求める。

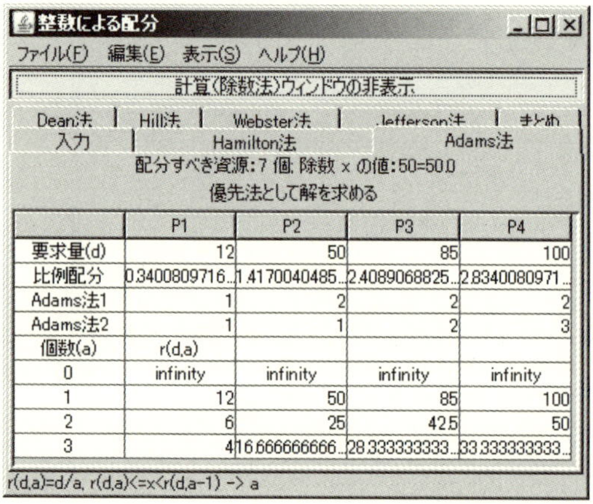

	P1	P2	P3	P4
要求量(d)	12	50	85	100
比例配分	0.3400809716...	1.4170040485...	2.4089068825...	2.8340080971...
Adams法1	1	2	2	2
Adams法2	1	1	2	3
個数(a)	r(d,a)			
0	infinity	infinity	infinity	infinity
1	12	50	85	100
2	6	25	42.5	50
3	4	16.666666666...	28.333333333...	33.333333333...

優先度の高い順に 7 個選ぶと、4 個の infinity と 100、85、50（2 個ある）となり、Adams=(1,2,2,2), (1,1,2,3)の 2 通りとなる。

3章　正比例に近い整数による配分　103

x=50, Adams=(1,2,2,2),(1,1,2,3)

x が 50 より少し小さい時、(1,2,2,3)の 8 個が必要で、50 または 50 より少し大きい時、(1,1,2,2)の 6 個が必要である。すなわち、x が 50 の時にジャンプする。従って、共に 1 個ずつ減る P_2, P_4 を同等に扱って、Adams=(1,2,2,2), (1,1,2,3) となる。

まとめると、右上のようになる。

例（ジェファーソン法に 2 通りの解がある例）

A=5, d=(12,18,48,54)の解を求める。ジェファーソン法のみを優先法と除数法で求める。

[整数による配分ウィンドウのスクリーンショット]

配分すべき資源:5 個、除数 x の値:18=18.0
優先法として解を求める

	P1	P2	P3	P4
要求量(d)	12	18	48	54
比例配分	0.4545454545...	0.6818181818...	1.8181818181...	2.0454545454...
Jefferson法1	0	1	2	2
Jefferson法2	0	0	2	3
個数(a)	r(d,a)			
0	12	18	48	54
1	6	9	24	27
2	4	6	16	18
3	3	4.5	12	13.5

r(d,a)=d/(a+1), r(d,a)<=x<=r(d,a-1) -> a

優先度の高い順に 5 個選ぶと、54、48、27、24、18（2 個ある）となり、Jeff=(0,0,2,3), (0,1,2,2)の 2 通りとなる。

[除数法ウィンドウのスクリーンショット]

配分すべき資源: 5　単位資源当たりの要求量: 132/5 = 26+2/5
Jefferson... ▼ 除数(x): 　17.9 増分: 　0.1 個数:3 ▼ 計算
切捨て

	A	A	A	B	B	B	C	C	C	D	D	D	配分	和
要求(d)	12			18			48			54				
除数(x)	d/x	境界	配分	d/x	境界	配分	d/x	境界	配分	d/x	境界	配分		
17.9	0.6703	切捨て	0	1.0055	切捨て	1	2.6815	切捨て	2	3.0167	切捨て	3		6
18.0	0.6666	切捨て	0	1	切捨て	1	2.6666	切捨て	2	3	切捨て	3		6
18.0	0.6666	切捨て	0	1	調整	0	2.6666	切捨て	2	3	切捨て	3		5
18.0	0.6666	切捨て	0	1	切捨て	1	2.6666	切捨て	2	3	調整	2		5
18.1	0.6629	切捨て	0	0.9944	切捨て	0	2.6519	切捨て	2	2.9834	切捨て	2		4

x=18, Jeff=(0,0,2,3),(0,1,2,2)

x が 18 または 18 より少し小さい時、(0,1,2,3)の 6 個が必要で、18 より少し大きい時、(0,0,2,2)の 4 個が必要である。すなわち、x が 18 の時にジャンプする。従って、共に 1 個ずつ減る P_2, P_4 を同等に扱って、Jeff=(0,0,2,3),(0,1,2,2)となる。

まとめると、以下のようになる。

3章 正比例に近い整数による配分　105

```
整数による配分
ファイル(F) 編集(E) 表示(S) ヘルプ(H)
計算(除数法)ウィンドウの表示
入力  Hamilton法  Adams法
Dean法  Hill法  Webster法  Jefferson法  まとめ
配分すべき資源:5 個
```

	P1	P2	P3	P4
要求量(d)	12	18	48	54
比例配分	0.4545454545	0.6818181818	1.8181818181	2.0454545454
Hamilton法1	0	1	2	2
Adams法1	1	1	1	2
Dean法1	1	1	1	2
Hill法1	1	1	1	2
Webster法1	0	1	2	2
Jefferson法1	0	1	2	2
Jefferson法2	0	0	2	3

例（ペットボトルの飲料水）

比例配分
の整数部分
の和を求め

	A	B	C	D	E	F	合計
必要量	18	16	12	11	8	7	72
比例配分	12.5	11.11…	8.33…	7.63…	5.55…	4.86…	50本

ると、12+11+8+7+5+4=47 となって、まだ 3 本あまる。小数点以下の大きいほうから 3 世帯選ぶと、F、D、E となるので、Ham=(12,11,8,8,6,5) である。

他の解も求めたまとめは次のようになる。結局、ジェファーソン法以外はすべて同じ答えとなった。

```
整数による配分
ファイル(F) 編集(E) 表示(S) ヘルプ(H)
計算(除数法)ウィンドウの表示
入力  Hamilton法  Adams法  Dean法  Hill法  Webster法  Jefferson法  まとめ
配分すべき資源:50 個
```

	P1	P2	P3	P4	P5	P6
要求量(d)	18	16	12	11	8	7
比例配分	12.5	11.1111111111	8.3333333333	7.6388888888	5.5555555555	4.8611111111
Hamilton法1	12	11	8	8	6	5
Adams法1	12	11	8	8	6	5
Dean法1	12	11	8	8	6	5
Hill法1	12	11	8	8	6	5
Webster法1	12	11	8	8	6	5
Jefferson法1	13	11	8	8	5	5

例（山菜採り）

	A	B	C	D	合計
成果	12	50	85	100	247
比例配分	2.42…	10.12…	17.20…	20.24…	50枚

すべての解を求めると、次のようになる。

	P1	P2	P3	P4
要求量(d)	12	50	85	100
比例配分	2.4291497975	10.121457489	17.206477732	20.242914979
Hamilton法1	3	10	17	20
Adams法1	3	10	17	20
Dean法1	3	10	17	20
Hill法1	3	10	17	20
Webster法1	2	10	17	21
Jefferson法1	2	10	17	21

商品券が1枚増えて、51枚になった場合の解は次のようになる。

	A	B	C	D	合計
成果	12	50	85	100	247
比例配分	2.47…	10.32…	17.55…	20.64…	51枚

	P1	P2	P3	P4
要求量(d)	12	50	85	100
比例配分	2.4777327935	10.323886639	17.550607287	20.647773279
Hamilton法1	2	10	18	21
Adams法1	3	11	17	20
Adams法2	3	10	18	20
Adams法3	3	10	17	21
Dean法1	3	10	17	21
Hill法1	3	10	17	21
Webster法1	2	10	18	21
Jefferson法1	2	10	18	21

配分方法の性質

以下では、配分方法のいくつかの性質について述べる。

アラバマパラドックス

「配分すべき資源の総量が増加すれば、各プレイヤーに配分される量は減少しない」という単調性を期待するのは普通のことであろう。しかし、これが成立しない場合が存在する。例えば、「例（山菜採り）」では配分すべき商品券の枚数が $A=50$ から $A=51$ に増えたにもかかわらず、(Ham=(3,10,17,20)→Ham=(2,10,18,21)) ハミルトン法によるプレイヤーAの配分量が3から2へ減少した。

この現象はアラバマパラドックスと呼ばれている。ハミルトン法にはこのパラドックスが起こり得るが、他の除数法には起こらない。

バイアス

アダムズ法、ディーン法、ヒル法は要求量 d が小さいプレイヤーに有利になる。ジェファーソン法は d が大きいプレイヤーに有利になる。ウェブスター法はどちらでもない。

バイアスの意味：$d=(12,50,85,100)$ の例で $A=9$ から $A=193$ までの適当な22個を選んで各方法により配分したものから比例配分値を引いたものの平均を求めると、次の表のようになる。いつも比例配分値を配分されていれば、バイアスがないことになるが、整数値で配分する必要があるので、ほとんどの場合、少ない方から多い方へ偏ってしまう。多数回の平均をとって全体的な傾向を調べたのが右の表である。

要求量	12	50	85	100
アダムズ法	0.36	−0.02	−0.04	−0.31
ディーン法	0.09	−0.02	0.01	−0.08
ヒル法	0.09	−0.02	0.01	−0.08
ウェブスター法	−0.05	−0.02	0.05	0.01
ジェファーソン法	−0.51	−0.06	0.15	0.42

右の表において、絶対値が小さいことはバイアスが少ないことを意味し、正で大きい数は有利なことを意味し、負で小さい数は不利なことを意味する。要求量が一番小さい12のプレイヤーの列を見ると、アダムズ法が有利となっている。要求量が一番の大きい100のプレイヤーの列を見ると、ジェファーソン法が有利となっている。

Staying with quota

比例配分値とあまり離れないことを要求する性質である。式で書くと次のようになる。

$$\text{floor}(q_j) \leq f_j(A;d) \leq \text{ceiling}(q_j)\ ^{11}$$

ハミルトン法はこの性質を満たすが、右の数値例（プレイヤー1の配分量）が示すように、他の方法は満たさない。

Populationパラドックス

「要求量dが増えたプレイヤーの配分量が減り、dが減ったプレイヤーの配分量が増える」という現象である。

除数法では起こらない。上記の数値例と右の数値例が示すように（P_1とP_4）、（Staying with quotaを満たす）ハミルトン法ではこのパラドックスが起こる。P_1はdが1000から1001に増えたにもかかわらず、6から5に減り、P_4はdが97から96に減ったにもかかわらず、0から1に増えている。

---

[11] floor(q)はq以下の最大の整数、ceiling(q)はq以上の最小の整数である。例えば、floor(3.2)=3, floor(2)=2, celing(3.2)=4, celing(3)=3である。

2人ゲームにおける標準性

「プレイヤーが2人の場合に各プレイヤーに比例配分に近い整数を割り当てる」という配分方法は2人ゲームにおいて標準的であるといわれる。

すなわち、$(A;(d_1,d_2))$ において f が

$$a_j \leq q_j \leq a_j + \frac{1}{2} \text{ ならば } f_j(A;(d_1,d_2)) = a_j$$

$$a_j + \frac{1}{2} \leq q_j \leq a_j + 1 \text{ ならば } f_j(A;(d_1,d_2)) = a_j + 1$$

を満たせば、配分方法 f は2人ゲームにおいて標準的である。

ハミルトン法とウェブスター法だけがこれを満たす。ウェブスター法だけがこれを n 人へ一貫した方法で拡張している。

不平等量による特徴付け

ハミルトン法以外、すなわち、除数法を特徴づける他の方法を紹介する。不平等量による特徴付けである。

まず、$a := (a_1,...,a_n)$ が配分されている時のプレイヤー i と j の不平等量 ($\frac{a_i}{d_i} > \frac{a_j}{d_j}$ とする) を次のように定義する。

	アダムズ法	ディーン法	ヒル法	ウェブスター法	ジェファーソン法
不平等量	$a_i - a_j\left(\dfrac{d_i}{d_j}\right)$	$\dfrac{d_j}{a_j} - \dfrac{d_i}{a_i}$	$\dfrac{\frac{a_i}{d_i}}{\frac{a_j}{d_j}} - 1 = \dfrac{\frac{d_j}{a_j}}{\frac{d_i}{a_i}} - 1$	$\dfrac{a_i}{d_i} - \dfrac{a_j}{d_j}$	$a_i\left(\dfrac{d_j}{d_i}\right) - a_j$

$a := (a_1,...,a_n)$ が配分されている時の $\frac{a_i}{d_i} > \frac{a_j}{d_j}$ の意味は「現在配分されている単位要求量当たりの資源の個数がプレイヤー j よりプレイヤー i の方が多い、すなわち、プレイヤー i の方が得をしている」のである。この状態の時、どれくらいプレイヤー i の方が得をしているかを測ろうとするのが不平等量である。ウェブスター法はこれの（絶対）差を不平等量として採用している。ヒル法はこれの相対差を不平等量として採用している。ジェファーソン法はウェブスター法の量を不利なプレイヤーの要求量倍したものを採用している。アダムズ法

はウェブスター法の量を有利なプレイヤーの要求量倍したものを採用している。最後に、ディーン法は単位配分量当たりの要求量（これは小さい方が有利）の（絶対）差を不平等量に採用している。ヒル法の不平等量はこの相対差とも解釈可能である。

　不平等量を固定すれば、どの2人のプレイヤー間の不平等量も最小になるような配分がそれぞれの方法による配分となる。すなわち、有利なプレイヤーと不利なプレイヤーが存在する場合、有利なプレイヤーから不利なプレイヤーに資源を1個移動させたくなるであろう。しかし、もし、有利なプレイヤーが不利になり、不利なプレイヤーが有利になり、不平等量が大きくなるかまたは等しい時、この資源の移動は正当化されない。これが、除数法の不平等量による特徴付けの意味である。

例（簡単な例；再掲）

　既出の「簡単な例」のウェブスター法による解を参考にして、不平等量による特徴付けの意味を具体的に見てみる。$A=5, d=(7,11,29,41)$の時、Web=$(0,1,2,2)$であった。プレイヤー3と4を取り上げる。

$$\frac{a_3}{d_3} - \frac{a_4}{d_4} = \frac{2}{29} - \frac{2}{41} = \frac{24}{29 \times 41} > 0$$ よりプレイヤー3の方がプレイヤー4より有利

であり、ウェブスター法の不平等量により、有利さの程度は$\frac{24}{29 \times 41}$である。有利なプレイヤー3からプレイヤー4へ1個資源を移動させると、

$$\frac{a_4+1}{d_4} - \frac{a_3-1}{d_3} = \frac{3}{41} - \frac{1}{29} = \frac{46}{29 \times 41} > 0$$ より、プレイヤー4の方がプレイヤー3よ

りも有利になり、有利さの程度が$\frac{46}{29 \times 41}$となる。$\frac{46}{29 \times 41} > \frac{21}{29 \times 41}$であるので、有利さの程度が大きくなってしまうので、この1個の資源の移動は正当化されない。

まとめ

　整数個の資源を各プレイヤーの要求量に正比例して配分したいのであるが、

資源は分割できないので配分量を整数に限定する必要がある。この「正比例に近い整数による配分」問題に対して、ハミルトン法、アダムズ法、ディーン法、ヒル法、ウェブスター法、ジェファーソン法を紹介した。

どの方法を利用するかは「当事者間の合意による」である。しかし、直観的で簡単に求まるハミルトン法が適用しやすいであろう。アラバマパラドックスや Population パラドックスが発生するのを避ける場合は、他の除数法が望ましい。要求量が少ないプレイヤーを優遇したければアダムズ法、要求量が多いプレイヤーを優遇したければジェファーソン法、どちらでもなければウェブスター法を利用するのが良いであろう。

4章 投票ルール

グループ全体で何かを決める時、千差万別の個人の意見を一つにまとめる必要がある。このような時に投票を行う場合がある。本章は簡単な状況を利用して投票ルールをいくつか紹介する。

パート1：例題編

投票をする状況を考察する。投票者は、候補者達に対して好みの順位付けを持っている。そのような場合、投票者の選好をきめ細かく汲むことが出来ればそのほうがよい。わが村の例を挙げて、投票で皆の意見を反映させる方法を見てみよう。

例1：鳥のコンテスト

村では村のシンボルマークを作るのに、村の鳥を決めてその鳥の図案をマークにすることになった。20人の代表者（投票者）が、村の鳥として応募があった中で上位5種類の鳥（a：ミヤマカケス、b：アカゲラ、c：アオサギ、d：ベニヒワ、e：ヤマガラ）から選択することになった。この5種類は応募数がほぼ同じでそのままでは決められない。村のおおかたの人々は、鳥を含め身の回りの自然に関心が深く、この代表者選びも難航したのだった。各代表者は5種類の鳥に対してはっきりした好みをもっている。代表者20名が持つ鳥の選好順位パターンは以下の4パターンに分類される。（a>bはbよりaを好むことを意味する）

パターン1：a>b>c>d>e
パターン2：b>e>d>c>a
パターン3：a>d>b>c>e
パターン4：e>c>d>b>a

また、パターン1を持つ投票者は4名、パターン2は3名、パターン3は7名、4は6名であった。さて、どの鳥を選ぶか？

> **数理的見方**

4つの投票ルール（多数決ルール、ボルダルール、コープランドルール、シンプソンルール）を適用し、望ましい鳥（勝者）を決定する。

多数決ルール（115ページの「多数決ルール」の説明を参照）はよく行う簡単な投票方法で、投票者が一番良く思っている候補に1票をいれ、最高の得票数を得た候補者が選ばれる。実際に求める（121ページの「例（鳥のコンテスト）」を参照）とa（ミヤマカケス）となる。

多数決ルールでは投票者の2番目以降の順位は結果に影響を与えない。2番目以降の順位も同じように結果に影響を与えるのが**ボルダルール**（115ページの「ボルダルール」の説明を参照）である。この場合、最高順位の鳥に4点、2番目の鳥に3点、・・・、最下位の鳥に0点を与え、最高の合計点を持つ鳥を選ぶ。実際に求める（121ページの「例（鳥のコンテスト）」を参照）と、a（ミヤマカケス）とb（アカゲラ）が選ばれる。どちらかに決めなくてはならないとしたら、例えば、20名の代表者の長老（パターン4に属するとする）が好む方に決める、等すればよいであろう。その場合、b（アカゲラ）が選ばれる。

以上の2つのルールは投票者が自分の持つ順位に基づき候補者に点数を与え、総点数が最高の候補者が選ばれた。

コープランドルール（118ページの「コープランドルール」の説明を参照）と**シンプソンルール**（118ページの「シンプソンルール」の説明を参照）は一対比較をもとに望ましい鳥を選ぶ。この例の場合、a（ミヤマカケス）に着目する。このミヤマカケスと他の鳥、例えば、b（アカゲラ）を比較しよう。20人の代表のうちパターン1とパターン3に属する11人がミヤマカケスを支持し、残りのパターン2とパターン4に属する9人がアカゲラを支持する。ミヤマカケスの方が過半数の支持を得ているので、アカゲラに勝っている。このa（ミヤマカケス）は他のどの鳥と比較しても、過半数の支持を得ている（121ページの「例（鳥のコンテスト）」を参照）。このように他のどの候補者との一対比較においても過半数の支持を得ている候補者が存在すれば、その候補者

をコンドルセ勝者（118 ページの「コンドルセ勝者」の説明を参照）と呼ぶ。コープランドルールとシンプソンルールはこのコンドルセ勝者が存在する場合それを選ぶ、すなわち、a（ミヤマカケス）を選ぶ。

この鳥のコンテストではどのルールでもミヤマカケスが選ばれるが、いつもこうではない。例えば、投票者が 19 人でその選好パターンが、a>b>c>d>e（4 人）、b>e>a>c>d（3 人）、c>d>a>b>e（6 人）、e>d>b>a>c（6 人）の場合ならば、次のようになる（121 ページの「例（鳥のコンテスト）」を参照）。

多数決ルール：勝者は c と e、ボルダルール：勝者は b、コープランドルール：勝者は a と d、シンプソンルール：勝者は a と b、ということになり、各ルールの勝者が異なる。どのルールを適用するかによって、結果はまったく違うが、それぞれのルールはそれが目指す目的があり、どれを選ぶかは、参加者が選べばよい。

パート 2：解説と計算編

参加者の様々な意見を一つにまとめ全体で何かを決める時、投票を行うことが多い。簡単な状況を想定し、問題を定義し、この問題の解（投票ルール）を説明する。

問題

n 人の**投票者**（Voters、$N:=\{1,...,n\}$）が p 人の**候補者**（Candidates、$A:=\{1,...,p\}$）に対して一番好きなものから嫌いなものまでの選好を持つ。この n 人の意見をまとめて、社会全体として候補者の中からもっとも望ましい（もっとも望ましくない）候補者を選ぶ。ただし、投票者の候補者に対する選好にはタイがない、すなわち、異なる候補者を等しく好むことはない、と仮定する。

$L(A)$ を A 上のタイがない選好順序とする。すなわち、
$$L(A) := \{u \mid u : A \to \mathbf{R}, u(a) \neq u(b)(\forall a, b \in A, a \neq b)\}\,^{12}$$

---

[12] 投票者が選好 u を持つ時、$u(a) > u(b)$ は候補者 b より候補者 a を好むことを意味する。

問題の解

上記の問題の解である**投票ルール**を次の関数 f とする。
$$f: L(A)^N \to A, f(L(A)^N) = A\ ^{13}$$

n 人の投票者の候補者に対する選好 $u \coloneqq (u_1,...,u_n)$ が決まれば、$f(u)$ によってグループ全体が選ぶ候補者が決定する。$f(L(A)^N) = A$ であるので、投票者の選好に応じてどの候補者も選ばれる可能性があるルールに限定されている。望ましい候補者を選ぶ場合選ばれた候補者を**勝者**（winner）、望ましくない候補者を選ぶ場合選ばれた候補者を**敗者**（loser）と呼ぶ。この章では、多数決ルール、ボルダルール、点数式投票ルール、コープランドルール、シンプソンルールの5つのルールを紹介する。これらの方法は、2つの大きな流れ、コンドルセ（Condorcet）流の一対比較を基本にした方法と、ボルダルールに代表される点数式法、に分けられる。

まず、点数式法から始める。

多数決（Plurality）ルール

投票者は自分が一番好む（好まない）候補者に投票する。得票数が1番多い候補者を勝者（敗者）として選ぶ。複数の候補者が選ばれる可能性がある。これは各投票者が最上位（最下位）の候補者に1点（−1点）を与える時に、最大（最小）の得点を取った候補者を選ぶこと、とみなせる。すなわち、多数決ルールの勝者は、下記の点数式投票ルールにおいて、$s_1 = 1, s_k = 0\ (k \neq 1)$ とした時の勝者であり、多数決ルールの敗者は $s_p = -1, s_k = 0\ (k \neq p)$ とした時の敗者である。

多数決ルールは簡単に適用できるが、第2位以下の候補者を同様に扱っているという意味で、与えられた投票者の選好を十分に利用していない。

ボルダ（Borda）ルール

各投票者は自分の選好に従って、最下位には0、下から2番目には1、…と点数をつける（等差数列）。最高（最低）の総得点を得た候補者がボルダ勝者（ボルダ敗者）である。複数の候補者が選ばれる可能性がある。これは、下記

---

[13] 本章で扱う投票ルールは複数の候補者を解として選ぶので、正確にいえば、関数ではなく、対応である。

の点数式投票ルールで、$s_k = p-k$ としたものである。

点数式投票（Scoring voting）ルール[14]

多数決ルール、ボルダルールを一般化したものである。あらかじめ数列 $(s_k)_{k=1,\ldots,p}$ $(s_1 \geq \cdots \geq s_p, s_1 > s_p)$ が与えられている。各投票者は自分の選好に従って、各候補者に点数をつける。第 k 位の候補者には点数 s_k を付ける。最高（最低）の総得点を得た候補者が点数 $(s_k)_{k=1,\ldots,p}$ を持つ点数式投票ルールの勝者（敗者）である。複数の候補者が選ばれる可能性がある。[15]

点数を $s = (s_k)_{k=1,\ldots,p}$ とする。投票者の選好が $u = (u_1,\ldots,u_n)$ である時の候補者 $x \in A$ の総得点は $\mathrm{Score}^s(u;x) := \sum_{k=1}^{p} \mathrm{rank}_k(u;x)s_k$ で与えられる。ただし、$\mathrm{rank}_k(u;x)$ は x を第 k 位に順位付ける投票者の人数である。従って、勝者 SVRW^s と敗者 SVRL^s は次のように定義される。

$$\mathrm{SVRW}^s(u) := \{a \in A \mid \mathrm{Score}^s(u;a) \geq \mathrm{Score}^s(u;x)\ (\forall x \in A)\}$$
$$\mathrm{SVRL}^s(u) := \{a \in A \mid \mathrm{Score}^s(u;a) \leq \mathrm{Score}^s(u;x)\ (\forall x \in A)\}$$

例（最初の例）

20人の投票者の5人の候補者 a、b、c、d、e に対する選好が右の表のように与えられている。

多数決ルール、ボルダルール、及び、点数が $s=(2,1,1,0,0)$ である点数式投票ルールによる勝者と敗者を求める。

まず、多数決ルール：a に 5+5=10 点、b に 2 点、

	5人	2人	5人	8人
第1順位	a	b	a	e
第2順位	b	e	d	c
第3順位	c	d	b	d
第4順位	d	c	c	b
第5順位	e	a	e	a

---

[14] 点数式とは「投票者の順位に従ってあらかじめ定められた点数（後述の $(s_k)_{k=1,\ldots,p}$）を候補者に与え、それの合計によって勝者や敗者を決定する」ということを意味する。単に、「数値を利用して勝者、または、敗者を決める」という意味ではない。なぜなら、後述する点数式ではないルールにおいても、数値を利用して、勝者や敗者を決めるからである。

[15] もっと一般化して述べると、$s_1 - s_2 = \cdots = s_{p-1} - s_p$ の時が、ボルダルールである。$s_1 > s_2 = \cdots = s_p$ の時の勝者が多数決ルールの勝者であり、敗者が反多数決（anti-plurality）ルールの敗者である。$s_1 = \cdots = s_{p-1} > s_p$ の時の勝者が反多数決ルールの勝者であり、敗者が多数決ルールの敗者である。

eに8点、他の候補者には0点が与えられるから、勝者は得点が最大のaとなる。多数決ルールの敗者を求めるには、最下位の候補者に–1点、その他には0点を与える。aに–2–8=–10点、eに–5–5=–10点、他の候補者には0点が与えられるので、得点が最小であるaとeが多数決ルールの敗者となる。

ボルダルール：aの得点は $4\times5+0\times2+4\times5+0\times8=40$、bの得点は $3\times5+4\times2+2\times5+1\times8=41$、cの得点は $2\times5+1\times2+1\times5+3\times8=41$、dの得点は $1\times5+2\times2+3\times5+2\times8=40$、eの得点は $0\times5+3\times2+0\times5+4\times8=38$ であるので、勝者はbとc、敗者はeとなる。

点数が $s=(2,1,1,0,0)$ である点数式投票ルール：aの得点は $2\times5+0\times2+2\times5+0\times8=20$、bの得点は $1\times5+2\times2+1\times5+0\times8=14$、cの得点は $1\times5+0\times2+0\times5+1\times8=13$、dの得点は $0\times5+1\times2+1\times5+1\times8=15$、eの得点は $0\times5+1\times2+0\times5+2\times8=18$ であるので、勝者はa、敗者はcとなる。

次に、コンドルセ流の投票ルールを2つ紹介する。これらは一対比較を基本にしており、後述するコンドルセ勝者（敗者）が存在すればそれを選ぶルールである[16]。

まず、**投票行列**（vote matrix）と**過半数行列**（majority matrix）を次のように定義する。

$$\text{VoteMatrix}(u) := (v_{xy}(u))_{x,y \in A} \ (u \in L(A)^N)$$
$$v_{xy}(u) := |\{j \in N \mid u_j(x) > u_j(y)\}| \ (\forall x, y \in A, x \neq y)$$
$$\text{MajorityMatrix}(u) := (m_{xy}(u))_{x,y \in A} \ (u \in L(A)^N)$$
$$m_{xy}(u) := \begin{cases} 1 & (v_{xy}(u) > v_{yx}(u)) \\ 0 & (v_{xy}(u) = v_{yx}(u)) \\ -1 & (v_{xy}(u) < v_{yx}(u)) \end{cases} \ (\forall x, y \in A, x \neq y)$$

投票行列の(x,y)要素の$v_{xy}(u)$は投票者の選好がuの時、yよりもxを好む投票者の人数である。過半数行列の(x,y)要素の$m_{xy}(u)$は投票者の選好がuの時、xとyの一対比較において、過半数の人がyよりもxを好めば1、過半数の人がxよりもyを好めば–1、同数ならば0となる。

---

[16] コンドルセ勝者（敗者）が存在すればそれを選ぶルールは**コンドルセと矛盾しないルール**（Condorcet consistent rule）と呼ばれる。

コープランド（Copeland）ルール

より多くの他の候補者に対して過半数の支持を得ている候補者がコープランド勝者であり、より多くの他の候補者に対して過半数の支持を得ていない候補者がコープランド敗者である。

$$\text{CopelandScore}(u;x) \coloneqq \sum_{y:y\in A, y\neq x} m_{xy}(u)$$

と CopelandScore を定義する。これを最大（最小）にする候補者がコープランド勝者 CopelandW（敗者 CopelandL）である。

$\text{CopelandW}(u) \coloneqq \{a \in A \mid \text{CopelandScore}(u;a) \geq \text{CopelandScore}(u;x)\ (\forall x \in A)\}$
$\text{CopelandL}(u) \coloneqq \{a \in A \mid \text{CopelandScore}(u;a) \leq \text{CopelandScore}(u;x)\ (\forall x \in A)\}$

シンプソン（Simpson）ルール

他の候補者との（一対比較における）支持者数の比較において、最悪でもなるべく多くの投票者に支持されている候補者がシンプソン勝者であり、他の候補者との（一対比較における）支持者数の比較において、最善でもなるべく少ない投票者にしか支持されていない候補者がシンプソン敗者である。

$$\text{SimpsonWScore}(u;x) \coloneqq \min\{v_{xy}(u) \mid y \in A, y \neq x\}$$
$$\text{SimpsonLScore}(u;x) \coloneqq \max\{v_{xy}(u) \mid y \in A, y \neq x\}$$

と SimpsonWScore と SimpsonLScore を定義する。各々を最大（最小）にする候補者がシンプソン勝者 SimpsonW（敗者 SimpsonL）である。

$\text{SimpsonW}(u) \coloneqq \{a \in A \mid \text{SimpsonWScore}(u;a) \geq \text{SimpsonWScore}(u;x)(\forall x \in A)\}$
$\text{SimpsonL}(u) \coloneqq \{a \in A \mid \text{SimpsonWScore}(u;a) \leq \text{SimpsonWScore}(u;x)(\forall x \in A)\}$

コンドルセ（Condorcet）勝者（敗者）

他のどの候補者との 1 対比較においても、過半数[17]の支持を得た（得なかった）候補者がコンドルセ勝者（コンドルセ敗者）である。どの候補者も選ばれない可能性がある。従って、ルールとは呼ばれない。

強コンドルセ勝者 sCondorcetW（=コンドルセ勝者 CondorcetW）と強コンド

---

[17] 同数でも良い場合が弱コンドルセ勝者（敗者）、同数ではダメな場合を強コンドルセ勝者（敗者）である。強コンドルセ勝者（敗者）の方は存在すれば、1 人である。強コンドルセ勝者（敗者）の方が通常のコンドルセ勝者（敗者）である。

ルセ敗者 sCondorcetL（=コンドルセ敗者 CondorcetL）、弱コンドルセ勝者 wCondorcetW と敗者 wCondorcetL は次のように定義される。

$$sCondorcetW(u) = CondorcetW(u) := \{a \in A \mid \min[m_{ax}(u) \mid x \in A, x \neq a] = 1\}$$
$$sCondorcetL(u) = CondorcetL(u) := \{a \in A \mid \max[m_{ax}(u) \mid x \in A, x \neq a] = -1\}$$
$$wCondorcetW(u) := \{a \in A \mid \min[m_{ax}(u) \mid x \in A, x \neq a] \geq 0\}$$
$$wCondorcetL(u) := \{a \in A \mid \max[m_{ax}(u) \mid x \in A, x \neq a] \leq 0\}$$

ボルダルールは $s_k = p - k$ の時の候補者 $x \in A$ の総得点 $\text{Score}^s(u;x)$ （BordaScore($u;x$)と書くことにする）をもとに勝者と敗者を決定するが、上記に与えたものの別表現として、投票行列を利用した次のものがある。

$$\text{BordaScore}(u;x) := \sum_{y:y \in A, y \neq x} v_{xy}(u)$$

自分が投票者になった時を想像する。候補者の集合 A のすべての要素に好きなものからそうでないものまで順位を付けるよりも、一対比較を行いどちらが好きかをいう方が容易なので、点数式投票ルールよりも一対比較（すなわち、投票行列や過半数行列）にもとづくルール（ボルダルールも含む）の方が容易に適用できる。

例（最初の例；続き）

コープランド勝者と敗者、シンプソン勝者と敗者、（存在すれば）コンドルセ勝者と敗者を求める。まず、投票行列と過半数行列を求める。また、投票行列を利用してボルダ勝者と敗者も求める。右の図の、上にあるのが投票行列で、下にあるのが過半数行列である。

過半数行列の右側の和（sum）の列を参考にして、コープランド勝者は b、

敗者はeである。

　投票行列の右側の最小（min）の列を参考にして、シンプソン勝者はa、最大（max）の列を参考にして敗者はaとeである。

　投票行列の和（sum）の列を参考にして、ボルダ勝者はbとc、敗者はeである。

　過半数行列の最小（min）と最大（max）の列を参考にする。最小の列に1がないので、（強）コンドルセ勝者は存在しない。最大の列に−1がないので、（強）コンドルセ敗者は存在しない。最小の列に0以上の要素が存在するので、弱コンドルセ勝者はaである。最大の列に0以下の要素が存在するので、弱コンドルセ敗者はaとeである。

　以上をまとめると、上のようになる。

　一般に、「コンドルセ勝者（敗者）はボルダ敗者（勝者）ではない。」が成立する。しかし、次の例が示すように、コンドルセ敗者が多数決ルールの勝者になる場合がある。

例（コンドルセ敗者が多数決ルールの勝者になる例）

　（コンドルセ勝者が多数決ルールの勝者、ボルダルールの勝者にならない例でもある）

　23人の投票者の4人の候補者a、b、c、dに対する選好が右の表のように与えられている。

	7人	4人	6人	6人
第1順位	a	b	c	d
第2順位	b	d	b	c
第3順位	c	a	d	b
第4順位	e	c	a	a

　多数決ルールの勝者はaである。投票行列は下図の上方にある行列である。aはコンドルセ敗者でもある。すなわち、コンドルセ敗者が多数決ルールの勝者になっている。

　また、行和（sum）の列の最大値より、ボルダルールの勝者はbである。ま

た、c はコンドルセ勝者である。すなわち、コンドルセ勝者が多数決ルールとボルダルールの勝者になっていない。

コンドルセ勝者が存在すれば、コープランドルール、及び、シンプソンルールの勝者であった。この例は多数決ルールとボルダルールにはこれが成り立たないことを示している。

例（鳥のコンテスト）

多数決ルールの勝者は a、敗者は e である。

投票行列と過半数行列は次のようになる（上が投票行列、下が過半数行列）。

従って、投票行列の和（sum）の列を参考にして、ボルダ勝者は a と b、敗者は e となる。

	4人	3人	7人	6人
第1順位	a	b	a	e
第2順位	b	e	d	c
第3順位	c	d	b	d
第4順位	c	c	c	b
第5順位	e	a	e	a

過半数行列の和（sum）の列を参考にして、コープランド勝者は a、敗者は e となる。

投票行列の最小（min）の列を参考にして、シンプソン勝者は a、最大（max）の列を参考にして敗者は e となる。

コンドルセ勝者は a、敗者は e となる。（コンドルセ勝者または敗者が存在すれば、自動的にそれらがコープランド（シンプソン）勝者または敗者になる

ので、コンドルセ勝者と敗者を先に求めた方が良いであろう。）

まとめると、右のようになる。

下の問題を解く。

多数決ルールの

	4人	3人	6人	6人
第1順位	a	b	c	e
第2順位	b	e	d	d
第3順位	c	a	a	b
第4順位	d	c	b	a
第5順位	e	d	e	c

勝者はcとeとなる。敗者はeとなる。

右の上側にある投票行列の和（sum）の列を参考にして、ボルダ勝者はb、敗者はeとなる。上の下側にある過半数行列の和（sum）の列を参考にして、コープランド勝者はaとd、敗者はeとなる。投票行列の最小（min）の列を参考にして、シンプソン勝者はaとb、最大（max）の列を参考にして敗者はeとなる。コンドルセ勝者はなし、敗者はeとなる。

まとめると、右のようになる。

投票ルールが持つべき性質

以下では勝者を選ぶ投票ルールに限定して話を進める。投票ルールが持つべき基本的な性質を上げる。

- **パレート最適性（Pareto Optimality）**
  どの投票者も b より a を好むならば、b は社会的に選択されない。式で書くと $u_j(a) > u_j(b)(\forall j \in N) \Rightarrow b \notin f(u)$ である。

- **匿名性（Anonymity）**
  f は投票者の名前の付け方に依存しない。式で書けば $f(\pi(u)) = f(u)$ である。ただし、$\pi : N \to N, \pi(N) = N; \pi(u) := (u_{\pi(1)}, ..., u_{\pi(n)})$ である。

- **中立性（Neutrality）**
  f は候補者の名前の付け方に依存しない。式で書けば $f(\sigma(u)) = \sigma(f(u))$ である。ただし、
  $$\sigma : A \to A, \sigma(A) = A;$$
  $$\sigma(u) := (\sigma(u_1), ..., \sigma(u_n)), (\sigma(u_j))(\sigma(a)) := u_j(a)(\forall j \in N, \forall a \in A)$$
  である。

- **単調性（Monotonicity）**
  ある u において a が社会的に選ばれている。v は u から a の位置を改善し、a 以外の対の位置を変えないとする。その時、v において a はまだ社会的に選ばれている。式で書けば、
  $$\left\{\begin{array}{c} a \in f(u), \\ u_j(x) > u_j(y) \Leftrightarrow v_j(x) > v_j(y) \ (\forall j \in N, \forall x, y \in A, x \neq a, y \neq a), \\ u_j(a) > u_j(x) \Rightarrow v_j(a) > v_j(x) \ (\forall j \in N, \forall x \in A) \end{array}\right\} \Rightarrow \{a \in f(v)\}$$
  である。

- **強化性（Reinforcement）**
  互いに共通部分のない投票者の集合 N_1 と N_2 が同じ候補者の集合 A から望ましい候補者を選ぶとする。N_1 が選んだ候補者の集合 B_1 と N_2 が選んだ候補者の集合 B_2 に同じ候補者がいる場合（$B_1 \cap B_2 \neq \emptyset$）、投票者の集合 $N_1 \cup N_2$ は候補者の集合 $B_1 \cap B_2$ を選ぶ。式で書くと（f が投票者だけに依存するように表す）
  $$f(N_1) \cap f(N_2) \neq \emptyset \Rightarrow f(N_1 \cup N_2) = f(N_1) \cap f(N_2) \ (N_1 \cap N_2 = \emptyset)$$
  である。

今まで述べた投票ルールに関して、上記の

ルール[18]	パレート最適性	匿名性	中立性	単調性	強化性
ボルダルール[19]	○	○	○	○	○
コープランドルール	○	○	○	○	×
シンプソンルール	○	○	○	○	×

性質を満たすか否かを上の表にまとめた。「○」は満たすことを意味し、「×」は満たさないことを意味する。

例（よく使われるルールで単調性を満たさない例）

○決選投票付多数決ルール：「最初の回；投票者は候補者1人に1票を投じる。過半数の支持を得た候補者が存在すれば、その人が選ばれる。そうでなければ、2回目；上位の2人の候補者間で決選投票が行われ、過半数の支持を得た候補者が選ばれる。」

	8人	6人	7人	3人
第1順位	a	b	c	a
第2順位	b	c	a	a
第3順位	c	a	b	c

最初の回ではaが8票、bが9票、cが7票で、aとbが決選投票に残り、（右図の上方の投票行列より）15:9でaが選ばれる。b>a>cの3人が、下表のように、a>b>cに変わると、最初の回ではaが11票、bが6票、cが7票で、aとcが決選投票に残り、（下の図の上方の投票行列より）11:13でcが選ばれる。

aが選ばれていたが、aの順位だけを上げることによって、a以外のcが選ばれるようになった。

---

[18] 対象は対応である。関数に（1つを選ぶに）限定すれば、匿名性と中立性が成立しなくなる。例えば、議長（投票者1）の好みに従う場合は匿名性を無視し、最年長の候補者を選ぶ場合は中立性を無視して、1人に決定している。

[19] 点数式投票ルールも同様である。ただし、パレート最適性に関しては $s_k > s_{k+1}$ が必要。例えば、反多数決ルール $s_1 = \cdots = s_{p-1} > s_p$ ではパレート最適性は成立しない。

4章 投票ルール　125

	8人	6人	7人	3人
第1順位	a	b	c	a
第2順位	b	c	a	b
第3順位	c	a	b	c

```
Voting Procedure                        _ □ ×
File  Edit  Show  Help
Input  Solutions
   Vote Matrix        Ca..  a    b    c   sum  min  max
    Plurality          a   ---  18   11   29   11   18
    Borda             b    6   ---  17   23    6   17
Scoring voting rule    c   13    7   ---  20    7   13
  (s) Condorcet
  (w) Condorcet     can..  a    b    c   sum  min  max
    Copeland          a   ---   1   -1    0   -1    1
    Simpson           b   -1   ---   1    0   -1    1
    Summary           c    1   -1   ---   0   -1    1
```

○ルール:「まず、多数決ルールによる敗者を除く。次に、残った候補者の中で多数決ルールを適用し、敗者を除く。この操作を繰り返し、残った候補者を選ぶ。」

	4人	1人	3人	3人	5人	2人
第1順位	a	a	b	b	c	c
第2順位	b	c	a	c	a	b
第3順位	c	b	c	a	b	a

右図にある、多数決ルールによる敗者と投票行列を参考にする。まず、多数決ルールによる敗者cが除かれ、次に、残ったaとbの中のbが除かれ、結局、aが選ばれる。

```
Voting Procedure                        _ □ ×
File  Edit  Show  Help
Input  Solutions
   Vote Matrix      Voting Proce..  Winner(s)   Loser(s)
    Plurality         Plurality        c           c
    Borda             Borda          a, b, c     a, b, c
Scoring voting rule  Scoring votin..    a           c
  (s) Condorcet     (s) Condorcet  No Winner!  No Loser!
  (w) Condorcet    (w) Condorcet  No Winner!  No Loser!
    Copeland         Copeland       a, b, c     a, b, c
    Simpson          Simpson        a, b, c     a, b, c
    Summary
```

c≻b≻aと評価している2人がaの順位を上げ、c≻a≻bと評価を以下のように変える。

```
Voting Procedure                        _ □ ×
File  Edit  Show  Help
Input  Solutions
   Vote Matrix        Can..  a    b    c   sum  min  max
    Plurality          a   ---  10    8   18    8   10
    Borda             b    8   ---  10   18    8   10
Scoring voting rule    c   10    8   ---  18    8   10
  (s) Condorcet
  (w) Condorcet    candi..  a    b    c   sum  min  max
    Copeland          a   ---   1   -1    0   -1    1
    Simpson           b   -1   ---   1    0   -1    1
    Summary           c    1   -1   ---   0   -1    1
```

	4人	1人	3人	3人	7人	0人
第1順位	a	a	b	b	c	c
第2順位	b	c	a	c	a	b
第3順位	c	b	c	a	b	a

下図にある、多数決ルールによる敗者と投票行列を参考にする。まず、多数決ルールによる敗者 b が除かれ、次に、残った a と c の中の a が除かれ、結局、c が選ばれる。

a が選ばれていたが、a の順位だけを上げることによって、a 以外の c が選ばれるようになった。

Voting Proce...	Winner(s)	Loser(s)
Plurality	c	b
Borda	a	b
Scoring voting...	a	b
(s) Condorcet	No Winner!	No Loser!
(w) Condorcet	No Winner!	No Loser!
Copeland	a, b, c	a, b, c
Simpson	a, c	b, c

Can...	a	b	c	sum	min	max
a	---	12	8	20	8	12
b	6	---	10	16	6	10
c	10	8	---	18	8	10

candi...	a	b	c	sum	min	max
a	---	1	-1	0	-1	1
b	-1	---	1	0	-1	1
c	1	-1	---	0	-1	1

例（コープランドルールが強化性を満たさない例）

右の問題のプレイヤーの集合を N_1 とする。

下の図の下方にある過半数行列の行和（sum）の列の最大値より、N_1 でのコープランド勝者は a と b になる。

	4人	10人	10人	18人	0人
第1順位	a	d	d	e	b
第2順位	b	a	b	c	a
第3順位	e	c	a	b	e
第4順位	c	b	c	a	c
第5順位	d	e	e	d	d

4章 投票ルール　127

右の問題のプレイヤーの集合を N_2 ($N_1 \cap N_2 = \emptyset$) とする。

右下の図の下方にある過半数行列の行和（sum）の列の最大値より、N_2 でのコープランド勝者は a となる。

もし、コープランドルールが強化性を満たすならば、プレイヤーの集合 $N_1 \cup N_2$ でも a を勝者として選ぶはずである。しかし、次のようにプレイヤーの集合 $N_1 \cup N_2$ では b を勝者として選ぶ。

	28人	0人	0人	0人	21人
第1順位	a	d	d	e	b
第2順位	b	a	b	c	a
第3順位	e	c	a	b	e
第4順位	c	b	c	a	c
第5順位	d	e	e	d	d

	32人	10人	10人	18人	21人
第1順位	a	d	d	e	b
第2順位	b	a	b	c	a
第3順位	e	c	a	b	e
第4順位	c	b	c	a	c
第5順位	d	e	e	d	c

	a	b	c	d	e	sum	min	max
a	---	42	73	71	73	259	42	73
b	49	---	63	71	73	256	49	73
c	18	28	---	71	20	137	18	71
d	20	20	20	---	20	80	20	20
e	18	18	71	71	---	178	18	71

cand	a	b	c	d	e	sum	min	max
a	---	-1	1	1	1	2	-1	1
b	1	---	1	1	1	4	1	1
c	-1	-1	---	1	-1	-2	-1	1
d	-1	-1	-1	---	-1	-4	-1	-1
e	-1	-1	1	1	---	0	-1	1

例(シンプソンルールが強化性を満たさない例)

右の問題のプレイヤーの集合を N_1 とする。

下の図の上方にある投票行列の行の最小値(min)の列の最大値より、N_1 でのシンプソン勝者は a となる。

	10人	4人	10人	18人	0人
第1順位	a	b	a	e	b
第2順位	b	e	d	c	a
第3順位	c	d	b	d	e
第4順位	d	c	c	b	c
第5順位	e	a	e	a	d

	a	b	c	d	e	sum	min	max
a	---	20	20	20	20	80	20	20
b	22	---	24	14	24	84	14	24
c	22	18	---	28	20	88	18	28
d	22	28	14	---	20	84	14	28
e	22	18	22	22	---	84	18	22

cand	a	b	c	d	e	sum	min	max
a	---	-1	-1	-1	-1	-4	-1	-1
b	1	---	-1	1	-1	2	-1	1
c	1	-1	---	1	-1	0	-1	1
d	1	-1	-1	---	-1	0	-1	1
e	1	-1	1	1	---	2	-1	1

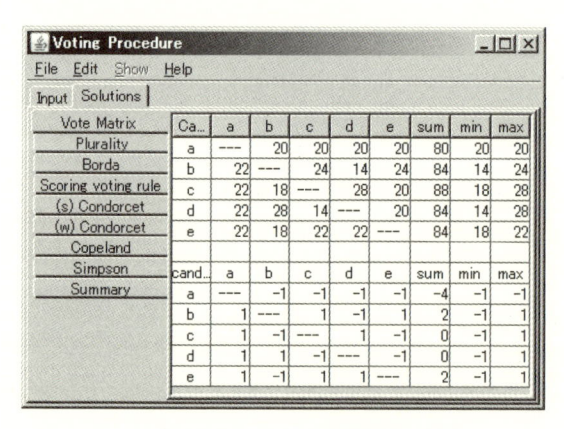

次の問題のプレイヤーの集合を N_2 ($N_1 \cap N_2 = \emptyset$) とする。

4章 投票ルール　129

下の図の上方にある投票行列の行の最小値（min）の列の最大値より、N_2 でのシンプソン勝者は a となる。

	22人	0人	0人	0人	21人
第1順位	a	b	a	e	b
第2順位	b	e	d	c	a
第3順位	c	d	b	d	e
第4順位	d	c	c	b	c
第5順位	e	a	e	a	d

もし、シンプソンルールが強化性を満たすならば、プレイヤーの集合 $N_1 \cup N_2$ でも a を勝者として選ぶはずである。しかし、次のようにプレイヤーの集合 $N_1 \cup N_2$ では b を勝者として選ぶ。

	32人	4人	10人	18人	21人
第1順位	a	b	a	e	b
第2順位	b	e	d	c	a
第3順位	c	d	b	d	e
第4順位	d	c	c	b	c
第5順位	e	a	e	a	d

点数式投票ルールとボルダルールの特徴付け

（一般的な）点数式投票ルールと（その特別な場合である）ボルダルールは、次のようにいくつかの性質で完全に特徴づけられることが知られている。

「**(点数式投票ルール)** 点数式投票ルールは匿名性、中立性、強化性、連続性を持つ唯一の投票ルールである。」

「**(ボルダルール)** ボルダルールは中立性、強化性、誠実性、取消性を持つ唯一の投票ルールである。[20]」

連続性、誠実性、取消性の定義は以下の通りである。

- **連続性（Continuity）**

  互いに共通部分のない投票者の集合 N_1 と N_2 が同じ候補者の集合 A から望ましい候補者を選ぶとする。N_1 が選んだ候補者の集合を $\{a\}$ とする。N_2 が選んだ候補者の集合のいかんにかかわらず、N_1 の複製が多数集まった投票者の集合 $nN_1 \cup N_2$ は（n が十分に大きい時）候補者の集合 $\{a\}$ を選ぶ。式で書くと（f が投票者だけに依存するように表す）
  $$f(N_1) = \{a\} \Rightarrow f(nN_1 \cup N_2) = \{a\} \ (n \text{ が十分に大きい時)}\ \text{である。}$$

- **誠実性（Faithfulness）**

  1人からなる社会においてはその人がトップに位置付けている候補者が選ばれる。

- **取消性（Cancellation）**

  どの2人の候補者 a, b をとっても、a よりも b を好む投票者の人数と b よりも a を好む投票者の人数が等しい時、すべての候補者が社会的に選ばれる。式で書けば、$v_{xy}(u) = v_{yx}(u) \ (\forall x, y \in A, x \neq y) \Rightarrow f(u) = A$ である。

戦略的に自分の選好を偽っても無駄な（strategyproof）投票ルール

投票ルール f はすべての選好 $u \in L(A)^N$ に対して
$$u_i(f(u)) \geq u_i(f(v_i, u_{-i})) \ (\forall v_i \in L(A))$$
が成り立つ時、strategyproof といわれ、戦略的に自分の選好を偽って申告しても無駄なため、望ましいルールといえる。

---

[20] 強化性と取消性を満たせば匿名性も満たす。

例えば、次の数値例が示すように、自分の選好を偽って申告した方が、自分にとって都合がよくなる。

例（偽りの申告）

右の問題のボルダ勝者を求めると、下図の投票行列の行和（sum）の最大値より b となる。

	1人	1人	1人	1人
第1順位	a	b	c	a
第2順位	b	c	b	b
第3順位	c	a	a	d
第4順位	d	d	d	c

一番右の選好が a>b>d>c であるプレイヤーだけが偽りの申告 a>d>c>b をすると、次に示すようにボルダ勝者は b から a になる。すなわち、このプレイヤーにとって偽りを申告する方が得になる。

	1人	1人	1人	1人
第1順位	a	b	c	a
第2順位	b	c	b	d
第3順位	c	a	a	c
第4順位	d	d	d	b

上の例はボルダルールに関しての否定的な結果であったが、残念なことに、一般的に、（実際的な）strategyproof なルールは存在しないことが知られている。

（Gibbard[1973], Satterthwaite[1975]）$|A|\geq 3$ とする。f が strategyproof である、

必要かつ十分条件は、あるプレイヤー（独裁者）i^* が存在し、$f = f^{i^*}$ となることである。すなわち、この独裁者がトップにランク付けている候補者を選ぶことである。式で書けば

$$f^i(u) := \text{top } u_i \ (\forall u \in L(A)^N)$$

ただし、$\text{top } u := \{a \in A \mid u(a) > u(x) \ (\forall x \in A, x \neq a)\}$ である。

しかしながら、プレイヤーの取り得る選好の集合が限定される時、strategyproofなルールが存在する。

$|N|$を奇数とする。$D(\subset L(A))$ は次を満たす。$(\forall u \in D^N)$ においてはコンドルセ勝者が存在する。この時、$\forall u \in D$ にコンドルセ勝者を対応させる投票ルール SCW(u)は strategyproof である。

$A := \{a_1,...,a_p\}$ の要素が適当な意味で $a_1 < a_2 < \cdots < a_p$ と順序付けられているとする。$u \in L(A)$ が次を満たせば**単峰**（single peaked）である、という。

$$\text{ある } a^* \text{ が存在し、} \quad \begin{aligned} a < b \leq a^* &\Rightarrow u(a) < u(b) \\ a^* \leq a < b &\Rightarrow u(a) > u(b) \end{aligned}$$

単峰である $u \in L(A)$ の集合を SP(A) とおく。

$|N|$を奇数とする。$u \in \text{SP}(A)^N$ には（強）コンドルセ勝者が存在する。それは、投票者の選好のピークのメジアンである。従って、この投票ルールは strategyproof である。

$|N|$を偶数とする。$u \in \text{SP}(A)^N$ には弱コンドルセ勝者が存在する。それは、投票者の選好のピークのメジアン[21]（複数存在する可能性がある）である。このメジアンの中から適切なもの（最小のメジアンまたは最大のメジアン）を選ぶことにより、strategyproof である投票ルールを作ることができる。

例（単峰な選好）

5 人の候補者 a、b、c、d、e はその主張からある指標に基づき下の図のよう

---

[21] n 人のプレイヤーのピークの小さい方から $\frac{n}{2}$ 番目と $\frac{n}{2}+1$ 番目の間と両端を含む選択肢がここのメジアンである。

4章 投票ルール 133

に左から右へ順序付けられている。

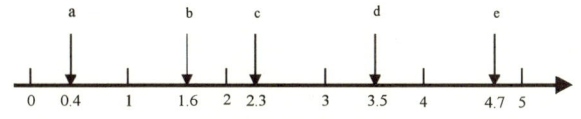

また、41人の投票者には右の表のようにその人が最も好む指標の値が与えられており、その値に近い候補者ほど（ただし、2人の候補者が同じ距離の場合は指標が小さい方を）上位に順位付けているとする。すなわち、単峰な選好を持つ。

投票者のタイプ	1	2	3	4	5
投票者の人数	10	8	10	4	9
最も好む指標の値	1	2	3	3.5	4

投票者の総数が奇数で、単峰な選好を持つのでコンドルセ勝者が存在し、それを選ぶ投票ルールは strategyproof である。コンドルセ勝者を求める。まず、各候補者の投票者が最も好む指標の値からの距離を求める（右上の表を参照）。

投票者のタイプ	1(1)	2(2)	3(3)	4(3.5)	5(4)
a	0.6	1.6	2.6	3.1	3.6
b	0.6	0.4	1.4	1.9	3.4
c	1.3	0.3	0.7	1.2	1.7
d	2.5	1.5	0.5	0	0.5
e	3.7	2.7	1.7	1.2	0.7

投票者の選好とそれによる投票行列と過半数行列は右のようになる。

	10人	8人	10人	4人	9人
第1順位	a	c	d	d	d
第2順位	b	b	c	c	e
第3順位	c	d	b	e	c
第4順位	d	a	e	b	b
第5順位	e	e	a	a	a

従って、コンドルセ勝者はdとなり、dが選ばれる。

```
Voting Procedure
File  Edit  Show  Help
Input  Solutions

Vote Matrix    Can...  a    b    c    d    e    sum  min  max
Plurality       a      ---  10   10   10   18   48   10   18
Borda           b      41   ---  10   18   28   97   10   41
Scoring voting rule c  41   41   ---  18   32   132  18   41
(s) Condorcet   d      41   33   33   ---  51   158  33   51
(w) Condorcet   e      33   23   19   0    ---  75   0    33
Copeland
Simpson        candi   a    b    c    d    e    sum  min  max
Summary         a      ---  -1   -1   -1   1    -4   -1   -1
                b      1    ---  -1   -1   1    0    -1   1
                c      1    1    ---  -1   1    2    -1   1
                d      1    1    1    ---  1    4    1    1
                e      1    -1   -1   0    ---  -2   -1   1
```

5章　公平に分ける

　「破産問題」「提携形ゲーム」「正比例に近い整数による配分」においては、各プレイヤーは分けるべきものに同じ評価をしていた。すなわち、あるプレイヤーが受け取ったものを他のプレイヤーに配分しなおしても価値が変わらなかった。この章では配分すべきものに2人のプレイヤーが異なった評価をしている場合を扱う。

パート1：例題編

例1：仲良く分けて

　川のほとりに住むおじいさんはずっと一人暮らし。子供たちは農業を継ぐことなく都会で就職し、家庭を持っている。奥さんに先立たれて十数年一人でがんばってきたが、とうとう足腰が弱り、引き払って息子さんの家に移り住むことになり、持ち物の処分をすることになった。中でも、まだ新しく有用なものを、特に、村でずっと仲良くしてもらっていた2軒の家（森さんと山田さん）に対して、お礼かたがた差し上げることにした。ある日、おじいさんの家に森さんと山田さんに来てもらって、おじいさんが譲る8個のものをどう分けるかについて、話し合った。

〈おじいさんが譲るもの〉

　電動のこぎり、つり道具、除雪機、作業台、草刈機、大型犬用犬小屋、臼、高枝剪定バサミ

　森さんは、品物を見て回って高価な機械類に、目を留めた。中でも除雪機は、小回りが利いて玄関先の小さなスペースも楽に除雪できそうなので、ぜひほしいと思った。さらに草刈機と電動のこぎりは、ちょうど買い換えたいと思っていたので、もらえれば有難い、それから剪定バサミも大きいのでほしいと思ったが、残りの釣り道具や犬小屋、臼、作業台には、あまり関心がなかった。分ける相手の山田さんは挨拶をする程度でどんな人なのかよく知らず、まして

どんなものをほしがるのか、皆目検討がつかない。森さんは、自分のほしいもの 4 点をもらって帰りたいが、それは言い出せないでいた。そんな時、山田さんは言った「どうでしょう，一度じゃんけんをして、勝った者から、ほしい品物を取っていく、という風に分けては。つまり勝った者と負けたものが交互にとっていくということです。」森さんは、じゃんけんに勝てば除雪機はもらえるので、「それでいいです」と賛成した。後は、じゃんけんに勝つだけだ、と思い握りこぶしに力を入れて、いざ振りかぶろうとした時、おじいさんが待ったをかけた。「それでもいいけど、勝った人はいつも先にとって、一度じゃんけんに負けると、いつも後からとることになる。それより勝った者は一番初めだけ先にとって、次には負けた者が先にとる、というように交代していったほうがいいよ。」森さんは、それを聞くと、おじいさんの言う方がいいと思った。山田さんの言う方法だと、一度じゃんけんに負ければ、いつもほしい物を先にとられてしまう。もし山田さんのほしい物が自分のほしい物とぴったり同じなら、自分のほしい物を一つももらえないことになる。でもおじいさんの言う方法で分ければ、じゃんけんで負けても、ほしい物が手に入る可能性が高い。しかし待てよ、一度じゃんけんに勝てば、続けてほしい物が手に入る山田さんの方法も捨てがたい。森さんがいろいろ頭の中で考えをめぐらせていると、山田さんがにっこり笑って言った。「森さんはどれがほしいのですか？　それが、私がほしい物でないなら、じゃんけんをする必要はないですね。万が一私もほしいのなら、その時じゃんけんすればいい。どうです？　いって下さい、何がほしいのですか？」森さんは、それもいい考えだと思ったが、なんだか自分からほしいと言うのに抵抗があり、「特にどれがほしいと言うことはありませんが・・・」と言葉を濁してしまった。この二人の間で、あまり時間をかけずにこの場で双方が納得する方法はないものだろうか。

数理的見方

おじいさんが譲る 8 個のものに、森さんと山田さんは、欲しいものから順に順位を付けているがそれ以上の細かい評価はしていないとしよう。また、挨拶

をする程度なので相手が何を好んでいるかは分らない。このような場合には交互取りと呼ばれる簡単な方法を利用するのが良いだろう。

山田さんが最初に提案した、じゃんけんなどで先手と後手を決め、その後、先手、後手、先手、後手、…、の順で交互に取っていく方法は**厳密な交互取り**（146 ページの「厳密な交互取り」を参照）と呼ばれる方法である。次の、おじいさんのアイデアは**バランスの取れた交互取り**（147 ページの「バランスの取れた交互取り」を参照）と呼ばれる方法で、じゃんけんなどで先手と後手を決めたのち、先手、後手、後手、先手、後手、先手、先手、後手、…とバランスをとって取っていく方法である。最後に、にっこり笑って山田さんが言った方法は、**質問段階付きバランスの取れた交互取り**（147 ページの「質問段階付きバランスの取れた交互取り」を参照）と呼ばれる方法と思われる。前に残っているものの中で一番欲しいものを言い、同じものでなければ、各自その欲しいものをもらい、それが同じものなら、その品物を脇によける。これを品物がなくなるまで行い、脇へよけた品物に対してバランスの取れた交互取りを行う。

さて、森さんと山田さんが各品物を好む順序が次の表のようであったとする。

順位表								
	1位	2位	3位	4位	5位	6位	7位	8位
森さんの選好	除雪機	草刈機	電動のこぎり	高枝剪定バサミ	つり道具	犬小屋	臼	作業台
山田さんの選好	除雪機	作業台	草刈機	高枝剪定バサミ	電動のこぎり	臼	犬小屋	つり道具

厳密な交互取り、バランスの取れた交互取り、質問段階付きバランスの取れた交互取り、を適用する（148 ページの例（仲良く分けて）を参照）。ここでは、じゃ

厳密な交互取り、森さんが先手				
森さん	除雪機 (1位)	草刈機 (2位)	電動のこぎり (3位)	つり道具 (5位)
山田さん	作業台 (2位)	高枝剪定バサミ (4位)	臼 (6位)	犬小屋 (7位)

んけんで森さんが勝ち、先手となったとする。厳密な交互取りでは、上のようになる。

バランスの取れた交互取りでは、右のようになる。

質問段階付きバランスの取れた交互取りでは、除雪機と犬小屋が脇へよけられ、右のようになる。

この例では、偶然に、

バランスの取れた交互取り、森さんが先手			
森さん	除雪機(1位)	電動のこぎり(3位)	つり道具(5位)	犬小屋(6位)
山田さん	作業台(2位)	草刈機(3位)	高枝剪定バサミ(4位)	臼(6位)

質問段階付きバランスの取れた交互取り、森さんが先手			
森さん	除雪機(1位)	草刈機(2位)	電動のこぎり(3位)	つり道具(5位)
山田さん	作業台(2位)	高枝剪定バサミ(4位)	臼(6位)	犬小屋(7位)

厳密な交互取りと質問段階付きバランスの取れた交互取りが一致したが、いつも一致するわけではない。3種類の交互取りのどれを使うべきか？は当事者が決めることである。この例では、結果として、より平準化されているので、バランスの取れた交互取りが望ましいと思われる、しかし、一般には、バランスの取れた交互取り、または、質問段階付きバランスの取れた交互取り、が一方の優位さを減じ、格差を拡大させないという観点から、良いと思われる。

例2：もらったお菓子

甘いものが大好きな兄と妹が、お菓子の山を前にしてにらみ合っていた。こんな田舎では、めったにお目にかかれそうもないお菓子を都会に住むおじさんが持ってきてくれたのだ。なぜにらみ合っているのかというと、各種一つずつしかない。シュークリーム、マロングラッセ、マドレーヌ、ジェリー、チョコレートバー、が各一つずつ、あとクッキーとチョコレートボールはそれぞれ一袋ずつ、大きなアップルパイ一つがテーブルの上にのっている。兄は、「この中で、アップルパイは一人で食べ切れないから二人で分けよう、でも他のお菓子はナイフで切ったりしないでおこう。袋入りのクッキーとチョコレートボールは、袋の中身をばらばらにして分けよう。ただし、一つしかないものが5個あるわけだから、2個と3個に分けることになるけど、仕方ないね」と言った。妹は、なんとなく不安だ。というのも、日ごろから兄は抜け目のない性格で、何を考えているのか分からないからだ。二人ともこの機会に、それぞれのお菓子をぜひとも味わってみた

いと思っているが、妹は、フランスの小説を読んでいてマロングラッセなるものが出てきて以来、ずっと食べてみたいと思い続けてきた。こんなチャンスはめったに訪れない。そんなことを考えていると、兄は続けて「まず、アップルパイから分けよう。僕が半分に切ってあげる」と言った。妹は、「私がカットするほうが上手に出来るわ。私に任せて」と言い終わらないうちに、兄が「いいよ、どうぞ」と言った。妹が、パイを半分に切ると、兄は「こっちが大きい」と言って自分の皿にとった。妹は、できるだけ同じになるようにカットしたつもりだったので、なんだかいやな気がした。しかし妹にとっては、どちらでも平等な半分だから、なんと言われようとかまわない。それより、次なる分割が問題だ。兄が「今度は、僕が分けるよ。そしてお前は好きなほうを選べばいいからね」と言って、赤と青の二つのバスケットにそれぞれ分け入れた。赤（シュークリーム、マドレーヌ、チョコレートバー、クッキー3個、チョコレートボール6個）青（マロングラッセ、ジェリー、クッキー2個、チョコレートボール2個）バスケットの中を見て明らかに、マロングラッセが入っている青の方が少ない。でも妹にとっては量の少なさよりも、マロングラッセを食べたかったので、青いバスケットをとることにした。結果としてアップルパイも、他のお菓子も、兄妹ともども不満が出なかった。これは公平性の観点から見てどうなのだろうか？

数理的見方

　この兄と妹は相手がどのような甘いものを好んでいるか知らないとしよう。このような場合、一方が分割し、他方が自分のもらうものを選択するという**分割選択法**（154ページ「分割選択法」を参照）をよく利用する。

　まず、アップルパイを分けることを考えよう。分割する先手は、相手の評価が分らないので相手がどちらを取るか予想できない。従って、どちらが自分に残っても後悔しないように、自分の評価でちょうど半分に分ける。後手は自分の評価で見てより良い方を取る。アップルパイをカットした妹も、自分の目から見てできるだけ半分に分けた。これが兄の好みを知らない妹ができる最善のことであった。後手である兄は、自分が好む方を選択すればよい。兄が取っ

た方は自分にとって少なくとも半分以上の価値がある。すなわち、後手の方が有利なのである。先手と後手を決める際には当事者は知っておくほうがよい。

次に、残りのお菓子を分けることを考えよう。兄と妹は次の表のように合計 100 点の点数を付けているとする。（お互いに相手の評価は知らないので、この表の相手の部分は見えない。）

評価表								
	シュークリーム	マロングラッセ	マドレーヌ	ジェリー	チョコバー	クッキー	チョコボール	合計
兄の評価	12	30	10	12	10	10	16	100
妹の評価	10	40	10	4	10	10	16	100

兄と妹の赤のバスケットの評価は次のようになる。

赤のバスケットの評価								
	シュークリーム	マロングラッセ	マドレーヌ	ジェリー	チョコバー	クッキー	チョコボール	合計
兄の評価	12		10		10	$\frac{3}{5}\times 10$	$\frac{6}{8}\times 16$	50
妹の評価	10		10		10	$\frac{3}{5}\times 10$	$\frac{6}{8}\times 16$	48

兄と妹の青のバスケットの評価は次のようになる。

青のバスケットの評価								
	シュークリーム	マロングラッセ	マドレーヌ	ジェリー	チョコバー	クッキー	チョコボール	合計
兄の評価		30		12		$\frac{2}{5}\times 10$	$\frac{2}{8}\times 16$	50
妹の評価		40		4		$\frac{2}{5}\times 10$	$\frac{2}{8}\times 16$	52

兄は妹の評価を知らないので、妹が赤と青のどちらのバスケットを取るかわからない。従って、どちらが自分に残っても良いように、50 点ずつに分け、妹は 52 点を付けている青いバスケットを取った。相手の評価を知らないので、

相手がどれくらいもらったか分からないし、自分はちょうど半分の50点をもらっているので、満足である。この配分方法は、自分がもらったものと相手がもらったものを自分の価値で評価すると、自分がもらった方が相手がもらった方よりも良いという性質を持っている。この性質は**羨望を持たない**（154ページの「羨望を持たない」を参照）と呼ばれる性質である。

　ひょっとしたら、抜け目のない兄は、アップルパイに関しては妹の好みを知らなかったが、その他のお菓子に関しては妹の好みを知っていたのかもしれない。この状況を自分に有利に利用するために、兄はアップルパイを妹に切らせ、その他のお菓子は自分で分けたかった。それを狙い、兄はわざと、先にアップルパイを切ろうとした。優しい妹は、まんまとこの罠に引っ掛かり、兄の思惑通りに振る舞ってしまったのかもしれない。相手の評価を知っている場合、先手はそれを利用できる可能性がある。上記の妹の評価を兄は知らないという設定では、兄は、自分の評価でちょうど半分に分けるしか手がなかった。しかし、妹の評価を知っている場合、自分の評価でちょうど半分に分けるのではなく、（妹の評価で48点なので）妹が取らない方の赤のバスケットの兄による（上記とは異なる下の表で与えられる）評価で82点であるように赤と青のバスケットに分けたかもしれない（155ページ「例（もらったお菓子）」参照）。これに成功すれば、妹は自分の評価で52点をもらうが、兄は82点をもらう。非常い不平等である。

	評価表							
	シュークリーム	マロングラッセ	マドレーヌ	ジェリー	チョコバー	クッキー	チョコボール	合計
兄の評価	30	2	16	8	18	10	16	100
赤のバスケット	30		16		18	$\frac{3}{5}\times 10$	$\frac{6}{8}\times 16$	82

　このように、先手の兄が妹の評価を知っている場合、それを利用して自分に有利にできる可能性がある[22]。このような問題点もあるが、分割選択法は簡単に利用できるという利点がある。

---

[22] 相手の評価を知っている場合は可能な限り後述する勝者調整法を利用すべきである。

例3：若い夫婦

　もうすぐ子供が生まれる若夫婦が2組（林さんと田中さん）がリサイクルショップの中でもめていた。激安のベビー用品を目の前に、奪い合いをしている。ベビーベッド、ベビーカー、ストーブガード、室内歩行器、幼児用食卓いす、食器セット、ベビー服、ベビーバス、ベビー用布団、子供散髪セット、すべて未使用で、超目玉商品である。朝から2組が競っていたが、見かねた店長が、奪い合いを何とかやめさせ、穏便に分けられるように間に立った。店長は「どちらのお客様にも、気分よく買い物をしていただきたいので、いかがでしょうか、以下のようにさせていただきたいと思いますが」と言って、それぞれの夫婦に一枚ずつ紙を渡した。紙にはストーブガード、歩行器、ベビーベッド・・・ベビー服と商品名が書かれてあった。「今から商品の横に持ち点100点を振り分けてもらいます。つまり欲しさの度合いを点数にしていただいて、合計で100点になるようにしてください。次に、私が、商品リストの上から順に下のほうに指し棒をおろしますので、ご自分の点数が半分つまり50点になったらストップをかけてください。そしてストップをかけなかった方の人は、まだ50点になっていないのですから、ストップをかけた人は上方の商品と下方の商品をご自分の点数が変わらないように入れ替え、相手の方も50点になったらそれで二つの商品群に分けたことになります。どちらの商品群もご自分側から見て50点ずつですので、あとはじゃんけんなりで決めればいいわけです」これを聞いて、林さんは「あんまりよく分からないけど、とにかく合計が100点になるように数字を書けばいいんだね。そしてストップと言った人が、相手の人の点数は知らないのだけれど、相手が50点になるまで商品の順番を替えるんだ。」と言うと、田中さんは「そんなにややこしい事をしなくても、はじめにストップと言ったときに、相手は下方を取れば、ストップをかけた人は50点、ストップをかけられた人は50点以上で、両方満足なのでは？」と言った。これに対して林さんは「それなら、僕はストップをいつまでもかけたくない。だってストップをかけられた人が50点以上の方を選べるわけだから。自分がストップをかけたほうなら、ちょうど半分50点でそれはそれで文句ないけど、相手が50点以上を手にする

のはいやな感じだ」と言ったので、店長が「だから、私が言っている方法でお願いします」と言った。そこで二組の夫婦は、商品群に点数をつけ始めた。

数理的見方

店長が提示したリストと2組の若い夫婦、林さんと田中さんの評価は次の通りであった。（林さんと田中さんは相手の評価を知らない。）

店長が提案した方法は**指差し手続き**（157ページの指差し手続きを参照）と呼ばれるものである。この方法を適用すると（158ページの「例（若い夫婦）」を参照）、（ストーブガード、ベビーバス、ベビーベッド）と（いす、

店長のリスト	林さんの配点	田中さんの配点
ストーブガード	5	20
歩行器	5	10
ベビーベッド	25	20
いす	8	3
布団	2	11
ベビーカー	25	20
散髪セット	4	4
ベビーバス	20	10
ベビー服	6	2

布団、ベビーカー、散髪セット、歩行器、ベビー服）に分けられる。じゃんけんをして誰がどれをもらうかを決めればよい。もらったお菓子の例では後手が有利であった。その有利さをなくしたのが、指差し手続きであり、自分の評価でちょうど50点をもらう。

店長に少し手間を取ってもらうことにより、先手と後手の優位さの違いを抑えることができた。しかし、林さんと田中さんは50点は得たがそれ以上は得ていない。もう少し工夫して違う分け方を見つければお互いに50点よりも多くもらえるかもしれないが、それには手間暇がかかるので、これで我慢しよう。

例4：二人の優勝者

秋祭りの前日、村の神社では恒例の相撲大会が行われた。優勝者は、景品として村の産物である米100kg、味噌1樽、干ししいたけ1箱、ヤマメの甘露煮1kgが与えられる。今年は決勝戦で何回取り直しても決着が付かず引き分けたので優勝者は2人にな

った。そこで、景品を2人（里山と大山）で分けることになった。里山も大山も、今回の景品をほしくて死闘を繰り広げたのであり、ほしい物は絶対に譲る気はない。里山は、「俺は、魚好きでこの甘露煮は大好物、何はともあれこれはほしい。それと米も。米はいつも大量に食べるので少しでも家にもって帰りたい」と言った。それに対して大山が、「俺は、米だな。本当に米 100ｋｇなんて、それだけもらえればいいよ。でも次にほしいのは何かと聞かれれば、干ししいたけがほしい。こんな立派な国産品は買うと高いからね。あと、里山さんのほしがっている魚と味噌は持って行ってもらっていい」と言った。そこで、里山が「じゃ、甘露煮はもらうよ。それから米も半分もらう。それでいいね」と言うと、大山は、「何を言っている。米は俺が 100kg 全部もらうから、味噌も魚も、ついでに仕方ない、しいたけもみんな持って行っていいよ」と言った。すると今度は、里山「米は、いくらでも分けられるのだから、半分に分けるべきだよ。確かに俺は甘露煮がほしいんだけど、米もほしいのだよ」と言ったのに対して、大山は「魚をもらってその上、米も半分よこせとは、少々あつかましいね」、里山「あつかましく米 100kg を要求しているのは誰だ」と、口論でも決着がつかない。その時、「神社の境内で喧嘩はよせ」と、割って入ったのは神主。そして言った「二人とも、どの品物がほしいのか、はっきりしている。そしてさらに互いに相手のほしい物も知っているから、できるだけ自分のほしいものは自分がもらえて、相手がほしい物は相手がもらえるようにしよう。米は、100kg を分けることは出来るが、そのほかの味噌も干ししいたけもヤマメの甘露煮も包装を破って分けられないから、そのつもりで」と。神主は、大会の主催者とともに相談した。さてどんな方法が考えられるのだろうか？

数理的見方

里山と大山の評価が次の表の様であったとする。

神主の言うようにお互いに自分の欲しいものをもらうようにして、両者がもらえる点数を等しく、そして

評価表	米	味噌	干ししいたけ	ヤマメの甘露煮	合計
里山の配点	30	5	10	55	100
大山の配点	60	5	25	10	100

なるべく大きくする方法は**勝者調整法**（160 ページの「勝者調整法」を参照）と呼ばれる。高く評価している人にその品物をまず与え、合計点数の多い方から少ない方へ、品物の評価の点数の比の値が小さいものから移動させて、合計点数が等しくなるように、調整する方法である。

実際に求めると（165 ページの「例（二人の優勝者）」を参照）、次のようになり、ヤマメの甘露煮と味噌は里山、干ししいたけは大山、米は里山と大山で 5:13 の比で分け、結局、2 人とも $68\frac{1}{3}$ の得点となる。勝者調整法を適用する場合、高々 1 つの品物を分ける必要がある。幸運にも、それが分割可能な米になって、里山と大山には良かった。

この勝者調整による配分は、2 人とも同じ値をもらっているので、平等であり、2 人ともこの点数以上をもらうことは不可能（効率的）

	米	味噌	干ししいたけ	ヤマメの甘露煮	合計
里山	$\frac{5}{18}\times 30$	5		55	$68\frac{1}{3}$
大山	$\frac{13}{18}\times 30$		25		$68\frac{1}{3}$

なので、申し分ない。平等性と効率性を満たす分け方は羨望を持たないことが分かっているので、当然、羨望を持たない。

このように勝者調整法は望ましい性質を持っているので、適用可能な場合は利用することが望ましい。

パート2：解説と計算編

「破産問題」「提携形ゲーム」「正比例に近い整数による配分」においては、各プレイヤーは分けるべきものに同じ評価をしていた。すなわち、あるプレイヤーが受け取ったものを他のプレイヤーに配分しなおしても価値が変わらなかった。この章では配分すべきものに 2 人のプレイヤー間で異なった評価をしている場合を扱う。

この章で登場する 2 人のプレイヤーは同等と仮定しているので、「各自の取り分を自分自身の評価で計った値がなるべく大きく、かつ、2 人の間で等しく

なる」のが目標であろう。この目標が達成されるためには、プレイヤーが置かれている状況がかなり整っている必要がある。しかし、実際にはそれほど状況が整っていることはないので、ここでは、プレイヤーが配分すべきものをどれくらい詳しく評価しているか、相手の評価を知っているか、等を区別し、次の4つのタイプの問題を扱う。また、プレイヤーたちが何を目標としているかも明確にする。

1. 配分すべきものが複数個あり各々は分割できない。また、プレイヤーはこれら複数のものに関して、自分の好きなものからそうでないものまで順位を付けているが、それ以上、細かな評価はしていない。また、相手の評価を知らない。

2. 配分すべきものが複数個あり各々は分割できる。また、プレイヤーはこれら複数のものに関して、合計が100点になるように数値的な評価をしている。相手の評価を知らない。羨望を持たないように分けることを目標としている。

3. 配分すべきものが複数個あり各々は分割できない。また、プレイヤーはこれら複数のものに関して、合計が100点になるように数値的な評価をしている。相手の評価を知らない。なるべく羨望を持たないように平等に分けることを目標としている。

4. 配分すべきものが複数個あり各々は分割できる。また、プレイヤーはこれら複数のものに関して、合計が100点になるように数値的な評価をしている。相手の評価を知っている。羨望を持たず、平等で、効率的に分けることを目標としている。

k個の配分すべき品物を$G_1,...,G_k$とし、その集合を$G:=\{G_1,...,G_k\}$とおく。

状況1（交互取り）

2人のプレイヤーAとBはk個の品物に好きなものから順に順位を付けている。
（実際には、あらかじめすべての品物に順位をつけている必要はなく、その都度、自

順位表				
	第1位	第2位	...	第k位
A	$G_{i(1)}$	$G_{i(2)}$	...	$G_{i(k)}$
B	$G_{j(1)}$	$G_{j(2)}$	...	$G_{j(k)}$

分が一番上位に順序付けている品物を示すだけで十分である。)

この状況において、もっとも簡単な配分方法は次の「厳密な交互取り」である。

厳密な交互取り

まず、じゃんけん等で先手、後手を決める。次に、先手、後手、先手、後手、・・・、の順に残っている品物の中で自分が一番上位に順位付けしている品物を1つずつ取る。これを品物がなくなるまで行う。

例（先手が有利？）

上のように、4つの品物 G_1, G_2, G_3, G_4 に対して A と B が共にこの順序で順位付けしているとする。厳密な交互取りを適用する。先手と後手の結果は右のようになる。

	1位	2位	3位	4位
Aの選好	G_1	G_2	G_3	G_4
Bの選好	G_1	G_2	G_3	G_4

先手	G_1 (1位)	G_3 (3位)
後手	G_2 (2位)	G_4 (4位)

先手の人は自分の順位で1位と3位の品物をもらい、後手の人は自分の順位で2位と4位の品物をもらう。2位よりも1位のものが良く、4位よりも3位のものが良いので先手が有利と解釈できる。この場合のように品物に対する評価が同一の時、先手が後手よりも有利となる。お互いに自分が上位に順位づけている品物をもらいたい。この順位付けが同一なので先に取る先手が有利というわけである。

では、右の場合はどうだろうか？

	1位	2位	3位	4位
Aの選好	G_1	G_2	G_3	G_4
Bの選好	G_2	G_4	G_1	G_3

Aが先手ならば右下のようになり、後手のBが有利になる。

この場合、Aの1位とBの1位は異なっており、それらを取った後も、同じものを望むことがない

A	G_1 (1位)	G_3 (3位)
B	G_2 (1位)	G_4 (2位)

ので、先手が有利となるわけではなく、この例では結果として、後手の B が有利となった。Bが先手で厳密な交互取りを始めても、結果は同じになる。

この例が示すように、厳密な交互取りでは、競合する場合（残りの品物の中で最高順位のものが一致する場合）、先手が有利となる。これを改善したのが次の「バランスの取れた交互取り」である。

バランスの取れた交互取り

まず、じゃんけん等で先手、後手を決める。次に、以下に指定する順序で残っている品物の中で自分が一番上位に順位付けしている品物を1つずつ取る。これを品物がなくなるまで行う。

Aが先手の場合：ABBABAAB・・・[23]

Bが先手の場合：BAABABBA・・・

以上では、残っている品物の中で自分の最も好むものを、AとBが1人ずつ取っていくことを考えた。しかし、AとBが最も好むものが違った場合、1人ずつ取っていく必要はない。そこで2人の好むものが異なった場合はそのまま取り、2人の好むものが同じ場合は脇へよけておき、最後に脇へよけた物を分けることが考えられる。これが次の「質問段階付バランスの取れた交互取り」であり、質問段階で競合した品物だけにバランスの取れた交互取りを行う。

質問段階付きバランスの取れた交互取り

まず、2人のプレイヤーの順位表を第1位から順に見ていく。違う品物の場合、2人のプレイヤーは自分の品物をもらう。同じ品物の場合（競合する場合）それを脇へよける。プレイヤーがもらった、または、脇へよけた、品物は順位表から除く。以下同じことを行う。脇へよけた品物があれば、その品物に対してバランスの取れた交互取りを行う。

例（先手が有利？；続き）

バランスの取れた交互取りと質問段階付きバランスの取れた交互取りを適用する。質問段階においてすべての品物が競合するのでバランスの取れた交互取りと一致し、次のようになる。

	1位	2位	3位	4位
Aの選好	G_1	G_2	G_3	G_4
Bの選好	G_1	G_2	G_3	G_4

先手	G_1 (1位)	G_4 (4位)
後手	G_2 (2位)	G_3 (3位)

先手は自分の順位で1位のものと4位のものをもらい、後手は自分の順位で2位のものと3位のものをもらう。順位による基準のみでは、先手と後手の間

---

[23] 1回目と2回目はABの順である。以下、$n=1,2,\ldots$とし2^n+1回目から2^{n+1}回目までの2^n回は、1回目から2^n回目の順序においてAをBへ、BをAに変えた順序に従う。このようにバランスを考慮しながら、順序を決める。

でどちらが有利かの判断はできない。しかし、厳密な交互取における先手の有利さは緩和できた。

例（仲良く分けて）

順位表								
	1位	2位	3位	4位	5位	6位	7位	8位
Aの選好	除雪機	草刈機	電動のこぎり	高枝剪定バサミ	つり道具	犬小屋	臼	作業台
Bの選好	除雪機	作業台	草刈機	高枝剪定バサミ	電動のこぎり	臼	犬小屋	つり道具

森さんをA、山田さんをBとする。

厳密な交互取りを適用する。

Aが先手の場合：

順に、A（除雪機）、B（作業台）、A（草刈機）、B

Aが先手				
A	除雪機(1位)	草刈機(2位)	電動のこぎり(3位)	つり道具(5位)
B	作業台(2位)	高枝剪定バサミ(4位)	臼(6位)	犬小屋(7位)

（高枝剪定バサミ）、A（電動のこぎり）、B（臼）、A（つり道具）、B（犬小屋）を取る。結局、上のようになる。

Bが先手の場合：

順に、B（除雪機）、A（草刈機）、B（作業台）、A

Bが先手				
A	草刈機(2位)	電動のこぎり(3位)	つり道具(5位)	犬小屋(6位)
B	除雪機(1位)	作業台(2位)	高枝剪定バサミ(4位)	臼(6位)

（電動のこぎり）、B（高枝剪定バサミ）、A（つり道具）、B（臼）、A（犬小屋）を取る。結局、上のようになる。

バランスの取れた交互取りを適用する。

Aが先手の場合：

順に、A（除雪機）、B（作業台）、B（草刈機）、A（電動のこぎり）、B（高枝剪定バ

Aが先手				
A	除雪機(1位)	電動のこぎり(3位)	つり道具(5位)	犬小屋(6位)
B	作業台(2位)	草刈機(3位)	高枝剪定バサミ(4位)	臼(6位)

サミ）、A（つり道具）、A（犬小屋）、B（臼）を取る。結局、上のようになる。

Bが先手の場合：

順に、B（除雪機）、A（草刈機）、A（電動のこぎり）、

Bが先手				
A	草刈機 （2位）	電動のこぎり （3位）	高枝剪定バサミ （4位）	つり道具 （5位）
B	除雪機 （1位）	作業台 （2位）	臼 （6位）	犬小屋 （7位）

B（作業台）、A（高枝剪定バサミ）、B（臼）、B（犬小屋）、A（つり道具）を取る。結局、上のようになる。

質問段階付バランスの取れた交互取りを適用する。

質問段階で、除雪機がまず脇へよけられ、Aは草刈機、Bは作業台、Aは電動のこぎり、Bは高枝剪定バサミ、Aはつり道具、Bは臼、最後に犬小屋を脇へよける。脇へよけられた、除雪機と犬小屋をバランスの取れた交互取りで分ける。

Aが先手の場合：

Aが除雪機、Bが犬小屋を取る。結局、右のようになる。

Aが先手				
A	除雪機 （1位）	草刈機 （2位）	電動のこぎり （3位）	つり道具 （5位）
B	作業台 （2位）	高枝剪定バサミ （4位）	臼 （6位）	犬小屋 （7位）

Bが先手の場合：

Bが除雪機、Aが犬小屋を取る。結局、右のようになる。

Bが先手				
A	草刈機 （2位）	電動のこぎり （3位）	つり道具 （5位）	犬小屋 （6位）
B	除雪機 （1位）	作業台 （2位）	高枝剪定バサミ （4位）	臼 （6位）

この例の場合、質問段階付バランスの取れた交互取りは厳密な交互取りと一致した。

例（3種類の交互取りの結果が一致する例）

右の問題に、Aが先手の時の厳密な交互取り、バランスの取れた交互取り、質問段階付きバランスの取れた交互取りを適用すると、すべてが一致し、右のようになる。

	1位	2位	3位	4位
Aの選好	G_1	G_2	G_3	G_4
Bの選好	G_4	G_3	G_2	G_1

A	G_1 （1位）	G_2 （2位）
B	G_4 （1位）	G_3 （2位）

この例ではAとBの好みが全く逆で競合するものがないので、どの交互取りでも、結果として自分が上位に順位付けしているものを得ている。

例（3種類の交互取りの結果が異なる例）

右の問題に、Aが先手の時の厳密な交互取り、バランスの取れた交互取り、質問段階付きバランスの取れた交互取りを適用すると、

	1位	2位	3位	4位	5位	6位
Aの選好	G_1	G_2	G_3	G_4	G_5	G_6
Bの選好	G_2	G_3	G_1	G_4	G_5	G_6

厳密な交互取り

A	G_1 (1位)	G_3 (3位)	G_5 (5位)
B	G_2 (1位)	G_4 (4位)	G_6 (6位)

バランスの取れた交互取り

A	G_1 (1位)	G_4 (4位)	G_6 (6位)
B	G_2 (1位)	G_3 (2位)	G_5 (5位)

質問段階付きバランスの取れた交互取り

A	G_1 (1位)	G_3 (3位)	G_6 (6位)
B	G_2 (1位)	G_4 (4位)	G_5 (5位)

となり、これら3種類の交互取りによる配分は異なる。

考察（2通りの比較；「（自分の中での）配分間の比較」と「（ある配分に対する）自分と相手の比較」）

（自分の中での）配分間の比較と（ある配分に対する）自分と相手の比較の2つの比較がある。これらを例を通して説明する。

（自分の中での）配分間の比較

まず、（自分の中での）配分間の比較について述べる。例（3種類の交互取りの結果が異なる例）の厳密な交互取りによる次の配分（これをXとおく）とバランスの取れた交互取りによる次の配分（これをYとお

	X		
A	G_1 (1位)	G_3 (3位)	G_5 (5位)
B	G_2 (1位)	G_4 (4位)	G_6 (6位)

	Y		
A	G_1 (1位)	G_4 (4位)	G_6 (6位)
B	G_2 (1位)	G_3 (2位)	G_5 (5位)

く）の比較を試みる。まず、Aによる比較を行う。Aの行の左から2列目から右に進む。AはXにおいて一番良いのは1位であり、Yにおいて一番良いものは1位である。XとYのどちらでも良い。Xにおいて二番目に良いのは3位であり、Yにおいて二番目に良いものは4位である。従って、YよりもXの方が良い。Xにおいて三番目に良いのは5位であり、Yにおいて三番目に良いものは6位である。従って、YよりもXの方が良い。従って、Aにとっては、Yよ

りも X の方が良い。次に、B による比較を同様に行う。B は X において 1 位、4 位、6 位のものを得ており、Y において 1 位、2 位、5 位のものを得ているので、各々を比較して、結局、B にとっては、X よりも Y の方が良い。A は Y よりも X を好み、B は反対に X よりも Y を好む。

以上のように自分の中で 2 つの配分を比較するには、配分において、自分が一番好む製品から順に比べていき、すべての比較の結果が一致したら、それが 2 つの配分の比較の結果となる。

しかし、例えば、A が右の配分（Z とおく）と X の比較を試みると

	Z		
A	G_1 (1 位)	G_2 (2 位)	G_6 (6 位)
B	G_3 (2 位)	G_4 (4 位)	G_5 (5 位)

うまくいかない。X において 1 位、3 位、5 位のものを得ており、Z において 1 位、2 位、6 位のものを得ているので、二番目と三番目の品物の比較の結果が逆になり、X と Z は比較できないことになる。

また、右の配分（U とおく）よりも Y は A と B の双方にとって良いので、2 人はこの配分 U を望まない。

	U		
A	G_2 (2 位)	G_4 (4 位)	G_6 (6 位)
B	G_3 (2 位)	G_1 (3 位)	G_5 (5 位)

以上のように、2 つの配分の比較を試みると、比較が可能な場合と不可能な場合がある。

（ある配分に対する）自分と相手の比較

次に、（ある配分に対する）自分と相手の比較についてのべる。

「例（先手が有利?）」で見たように、厳密な交互取りにおいては、競合する場合、先手が有利であった。この意味を少し詳しく見てみる。

先手が後手に比べて有利ということは、先手への配分と後手への配分に関する比較に基づいている。では何を比較しているのだろうか？例（3 種類の交互取りの結果が異なる例）を参考に考察する。例（3 種類の交互取りの結果が異なる例）における厳密な交互取りの結果は次の通りであった。

先手の行の 1 位、3 位、5 位は先手の価値判断による評価であり、後手の行の 1 位、4 位、6 位は後手の価値判断による評価である。2 列目から始め左から右へ向かって順に比較

先手	1 位	3 位	5 位
後手	1 位	4 位	6 位

していく。後手にとって一番良いのは 1 位であるが、先手も 1 位をもらってい

る。後手にとって二番目に良いのは4位であるが、先手は3位をもらっている。後手にとって三番目に良いのは6位であるが、先手は5位をもらっている。両者にとって自分の良いものから順に比較すると、どれも後手よりも先手の方が同じかより良いものをもらっている。これが「先手が後手よりも有利」という意味である。

まず、自分の取り分を自分の価値で評価し、相手の取り分を相手の価値で評価する。次に、自分の評価値と相手の評価値を比較する。この比較の結果、先手が後手よりも有利と判断される。これは後述する平等性と同じ種類の比較であり、自分の評価に加え相手の評価についても知っている必要がある。

考察（交互取りにおける配分の効率性）

交互取りによって得られた配分は効率的である。すなわち、この得られた配分よりも一方のプレイヤーにとって良い配分があれば、後者の配分はもう一方のプレイヤーにとって悪い配分となる。これを、例（3種類の交互取りの結果が異なる例）の質問段階付きバランスの取れた交互取りによる配分（Vとおく）を用いて説明する。他の交互取りでも同様である。

	V		
A	G_1（1位）	G_3（3位）	G_6（6位）
B	G_2（1位）	G_4（4位）	G_5（5位）

Vよりも一方のプレイヤー（例えば、B）にとって良い（AとBの間で1品目だけ交換した）配分Wはもう一方のプレイヤーにとって悪い配分であることを示す。交換した品物を、例えば、Bが保持しているBの第4位であるG_4とそれよりもBにとって良い第3位のG_1（これはAが保持している）とする。Aの評価で比べれば、明らかに、後者のG_1が前者のG_4よりも良い。これを質問段階付きバランスの取れた交互取りの手順から成り立つことを少し詳しく見る。

右の順位表において品物の右のハイフンの右に書いた数

	1位	2位	3位	4位	5位	6位
Aの選好	G_1-1	G_2	G_3-2	G_4-3	G_5-4	G_6-5
Bの選好	G_2-1	G_3-2	G_1	G_4-3	G_5-4	G_6-5

字は1から始まる。まず1が付いている品物は競合しないので、AはG_1をBはG_2をもらう。相手のプレイヤーの順位表にあるG_1とG_2を消す（濃い網掛けで表す）。次に、2の付いている品物は競合するので脇へ置く。以下同様に

最後まで続けると、結局、2、3、4、5 が競合するので、これらに、A が先手のバランスの取れた交互取りを適用すると、G_3 が A に、G_4 と G_5 が B に、G_6 が A に配分され、相手の対応する品物を消す（薄い網掛けで表す）。以上の結果、配分 V が得られた。

さて、B にとって自分の手元にある G_4-3 よりも G_1 が良いが、それが B の手元にないということは、B が G_1 を取る前に A が G_1 を取ったことを意味する。すなわち、上の表において網掛けになっていない G_1-n ($n<3$、実際には、G_1-1) があることを意味する。A が G_1 を取る時には、まだ G_4 が残っていたわけなので、A にとっては G_1 の方が G_4 よりも良いこと、すなわち、逆に V よりも W が悪いことを意味する。

V から 1 品目だけを交換して W が得られた場合を考察したが、2 品目以上を交換した場合も 1 品目ずつチェックすれば良い。

状況2（分割選択法）

2 人のプレイヤー A と B は k 個の品物 $G_1,...,G_k$ に、プレイヤー A は $x_1,...,x_k$、プレイヤー B は $y_1,...,y_k$ と点数（利得を表す数値）を付けている。ただし、$\sum_{n=1}^{k} x_n = 100$ ($x_n > 0 (\forall n)$) と $\sum_{n=1}^{k} y_n = 100$ ($y_n > 0 (\forall n)$) である。$x = (x_1,...,x_k)$、$y = (y_1,...,y_k)$ とおく。品物の集合 G をプレイヤー A と B への分け前である 2 つの集合 G^A と G^B へ分ける。ただし、$G^A := \{\alpha_1 G_1,...,\alpha_k G_k\}$、$G^B := \{(1-\alpha_1)G_1,...,(1-\alpha_k)G_k\}$、$0 \leq \alpha_n \leq 1$ ($n=1,...,k$) であり、$0 < \alpha_n < 1$ の場合は分割可能な品物 G_n を $\alpha_n : (1-\alpha_n)$ の比で分割したことを意味する。各プレイヤーの自分の分け前への利得（の和）を $u_A(G^A)$、$u_B(G^B)$ とおくと、

$$u_A(G^A) = \sum_{n=1}^{k} \alpha_n x_n、u_B(G^B) = \sum_{n=1}^{k} (1-\alpha_n) y_n$$ である。

自分を A とする。なるべく、$u_A(G^A) = u_B(G^B)$ を条件として、この値 $u_A(G^A)$ を大きくしたいが、相手の評価を知らない、と仮定しているので、$u_B(G^B)$ の値は分らない。従って、取りあえず、$u_A(G^A)$ を大きくしたい。しかし、$u_A(G^A)$ を大きくしても（その結果、$u_A(G^B)$ が小さくなり）G^A と G^B

のどちらが自分のものになるかわからない状況では、小さいほうの $u_A(G^B)$ になってしまう可能性がある。大きい方をもらえる可能性に賭けることも考えられるが、ここでは（最悪を最善にするという）堅実な方法を取ることにする。

これは、結果として羨望を持たないように分けることであり、例えば、分割選択法（divide and choose）を利用することである。

羨望を持たない

羨望を持たないとは自分の取り分と相手の取り分を自分の価値で判断し、自分の取り分の方を等しいか望ましいと判断している場合をいう。式で書けば、$u_A(G^A) \geq u_A(G^B)$ と $u_B(G^B) \geq u_B(G^A)$ が成り立つことである[24]。

プレイヤーの品物に対する評価が同じ場合は、「羨望を持たない」は後で登場する平等性と同じ概念である。また、「羨望を持たない」は相手の評価が分らない場合に利用される概念で、相手の評価が分かる場合は、（後述するように）効率性と平等性を満たせば羨望を持たないことになる。

分割選択法

まず、じゃんけん等で先手と後手を決める。次に、先手は自分の評価法で50点ずつになるように品物の集合 G を2つ G^1, G^2 に分ける（決め方は一意ではない）。後手は自分の評価で望ましい方を取る。先手は残りを取る。すなわち、先手がAならば $u_A(G^1) = u_A(G^2) = 50$、先手がBならば $u_B(G^1) = u_B(G^2) = 50$ となるように G^1, G^2 を決める。（必要ならば、ちょうど50点になるように、高々1つの品物を分割する。他の品物は分割可能でなくてもよい。）後手は自分の評価で望ましい方を取り、先手は残った方を取る。

先手は品物の集合を2つに分割するが、どちらが自分のものになるかが分らないので、どちらが自分のものになっても良い（最悪を最善にする）ように、自分の評価で50点ずつに分ける。

先手はちょうど50点もらい、後手は50点以上もらうので後手が有利である。

---

[24] 合計が100点になるように品物に点数を付けているので、自分に配分されたものの点数が50点以上であれば、羨望を持たない。式で書けば、$u_A(G^A) \geq 50, u_B(G^B) \geq 50$ である。

5章 公平に分ける 155

例（簡単な例）
右の問題を解く。Aが先手の場合：
例えば、G_2 を 10:25=2:5 に分割して
$G^1 = \{G_1, \frac{2}{7}G_2\}, G^2 = \{\frac{5}{7}G_2, G_3\}$ とおく。B

	評価表			
	G_1	G_2	G_3	合計
Aの評価	40	35	25	100
Bの評価	30	55	15	100

にとって G^1 の評価は $30 + \frac{2}{7} \times 55 = 45\frac{5}{7}$ で、G^2 の評価は $\frac{5}{7} \times 55 + 15 = 54\frac{2}{7}$ なので、G^2 を取る。従って、A は G^1 を取る。また、例えば、G_3 を 10:15=2:3 に分割して $G^1 = \{G_1, \frac{2}{5}G_3\}, G^2 = \{G_2, \frac{3}{5}G_3\}$ とおく。B にとって G^1 の評価は $30 + \frac{2}{5} \times 15 = 36$ で、G^2 の評価は $55 + \frac{3}{5} \times 15 = 64$ なので、G^2 を取る。従って、A は G^1 を取る。

Bが先手の場合：
G_2 を 50:5=10:1 に分割して $G^1 = \{\frac{10}{11}G_2\}, G^2 = \{G_1, \frac{1}{11}G_2, G_3\}$ とおく。A にとって G^1 の評価は $\frac{10}{11} \times 35 = 31\frac{9}{11}$ で、G^2 の評価は $40 + \frac{1}{11} \times 35 + 25 = 68\frac{2}{11}$ なので、G^2 を取る。従って、B は G^1 を取る。

例（もらったお菓子）
兄と妹のお菓子に対する評価が次の表で与えられているとする。

	評価表							
	シュークリーム	マロングラッセ	マドレーヌ	ジェリー	チョコバー	クッキー	チョコボール	合計
兄の評価	30	2	16	8	18	10	16	100
妹の評価	10	40	10	4	10	10	16	100

兄が先手とする。兄が 50 点ずつになるように、例えば、（シュークリーム、マロングラッセ、ジェリー、クッキー）と（マドレーヌ、チョコバー、チョコ

ボール）に分ける。妹の前者の評価は64点、後者の評価は36点なので、前者（シュークリーム、マロングラッセ、ジェリー、クッキー）を取る。

　お互いに相手の評価を知らないという仮定であったが、もし、先手の兄が後手の妹の評価を知っている場合はどのようなことが起こり得るか？を考えてみよう。例えば、赤いバスケット（シュークリーム、マドレーヌ、チョコレートバー、クッキー3個、チョコレートボール6個）と青いバスケット（マロングラッセ、ジェリー、クッキー2個、チョコレートボール2個）に分ける。

赤のバスケットの評価									
	シュークリーム	マロングラッセ	マドレーヌ	ジェリー	チョコバー	クッキー	チョコボール	合計
兄の評価	30		16		18	$\frac{3}{5} \times 10$	$\frac{6}{8} \times 16$	82
妹の評価	10		10		10	$\frac{3}{5} \times 10$	$\frac{6}{8} \times 16$	48

青のバスケットの評価									
	シュークリーム	マロングラッセ	マドレーヌ	ジェリー	チョコバー	クッキー	チョコボール	合計
兄の評価		2		8		$\frac{2}{5} \times 10$	$\frac{2}{8} \times 16$	18
妹の評価		40		4		$\frac{2}{5} \times 10$	$\frac{2}{8} \times 16$	52

　妹にとって、赤いバスケットは48点、青いバスケットは52点である。兄にとって、赤いバスケットは82点、青いバスケットは18点である。妹が兄の評価を知らない場合は52点の青いバスケットを取るだろうが、もし、妹が兄の評価を知っている場合も同じようにして52点の青いバスケットを取るだろうか？「先手の有利さを最大限利用しようとした兄を懲らしめるために、狙ったものから64点の損をさせ18点となるように、自分が赤いバスケットをとれば、自分はほんの4点損をするだけで48点はもらえる。48点で十分である。」と考えるかもしれない。従って、相手の評価を知っている場合、このような危険を冒すよりも、可能な限り、後述する勝者調整法を利用するのが望ましい。

状況3（指差し手続き）

分割選択法では後手が有利であった。この後手の有利さを緩和する試みが指差し手続きである。

平等性

自分の取り分を自分の評価で評価し、相手の取り分を相手の評価で評価する。これら2つの評価値が同じ場合、平等であるという。式で書けば $u_A(G^A) = u_B(G^B)$ となることである。

なるべく羨望を持たないように平等に分けるには、次のようにすれば良い。ただし、仲介者が必要である。

指差し手続き（moving-finger procedure）

仲介者が品物 $G_1,...,G_k$ の順を適当に決めたリスト $L := (G_{m(1)},...,G_{m(k)})$ を作成する。

(1) 仲介者はリストの左（上）から右（下）へ指を動かしていく。

(2) リストの品物の間に指が来たとき、各プレイヤーは指より左（上）にある品物による自分の評価の和と指より右（下）にある品物による自分の評価の和を比べる。

(3) 前者、すなわち、指より左（上）にある品物による自分の評価の和が50以上になった時、そのプレイヤーが「ストップ」と声をかける。「ストップ」と声をかけたプレイヤーを、今後、ストッパーと呼ぶ[25]。

(4) ストッパーは仲介者の指より左（上）にある品物（複数個でもよい）と右（下）にある品物（複数個でもよい）を入れ替える。ただし、ストッパーの評価で比べ、交換後、仲介者の指より左（上）にある品物による自分の評価の和と指より右（下）にある品物による自分の評価の和が（ほぼ）同じになるように入れ替える。

(5) ストッパーではないプレイヤーは、上記(4)の入れ替え後のリストにおいて、仲介者の指より左（上）にある品物による自分の評価の和と指より右（下）にある品物による自分の評価の和が（ほぼ）同じかどうかチェックする。

---

[25] 2人のプレイヤーが共に「ストップ」と声をかけた場合は、じゃんけんなどでどちらかを選び、選ばれた人をストッパーとする。

(ほぼ) 同じならば、その旨を告げ、次の(6)に進む。そうでなければ、(4)に戻る。

(6) プレイヤーAとBはじゃんけん等により、仲介者の指より左（上）ある品物か、仲介者の指より右（下）にある品物か、のどちらを取るかを決める。

すなわち、上記の(2)において指より左（上）にある品物の集合を L^u とおけば、指より右（下）にある品物の集合は $L^l := G - L^u$ となる。(3)により $u_X(L^u) \geq 50$ となる X（AまたはB）がストッパーとなる。(4)において交換後の集合を M^u, M^l とおくと、$u_X(M^u) = 50$、または、ほぼ等しくなっている。(5)において $u_{\bar{X}}(M^u) = 50$、または、ほぼ等しくなれば、(6)へ進む。ただし、$\bar{X}$ はストッパーではない方のプレイヤーを表す。

以上の手続きの(4)と(5)において「ほぼ同じ」ではなく「同じ」であり、それが、最終的な分け方になれば、羨望を持たないように平等に分けたことになる。もし「ほぼ同じ」ならば、<u>なるべく</u>羨望を持たないように平等に分けたことになる。

例（若い夫婦）

林さんをAと田中さんをBとする。店長が提示したリストと2組の若い夫婦AとBの評価は下の左の表の通りであった。店長の指が「ベビーベッド」の下へ来た時、20+10+20≥50となったBが「ストップ」と声をかけ、ストッパーとなる（手順(3)）。ストッパーのBが、例えば、歩行器とベビーバスを交換する（手順(4)）。

店長のリスト	Aの配点	Bの配点
ストーブガード	5	20
歩行器	5	10
ベビーベッド	25	20
指=>		
いす	8	3
布団	2	11
ベビーカー	25	20
散髪セット	4	4
ベビーバス	20	10
ベビー服	6	2

店長のリスト	Aの配点	Bの配点
ストーブガード	5	20
ベビーバス	20	10
ベビーベッド	25	20
指=>		
いす	8	3
布団	2	11
ベビーカー	25	20
散髪セット	4	4
歩行器	5	10
ベビー服	6	2

上の右の表のようになり、ストッパーでない A も 5+20+25=50 となり、その旨を告げる（手順(5)）。じゃんけん等により上側か下側のどちらをもらうかを決定する（手順(6)）。

A が上側をもらい、B が下側をもらうと、次のようになる。

	ベビーベッド	ベビーカー	ストーブガード	歩行器	いす	ベビー服	ベビーバス	布団	散髪セット	合計
A	25		5				20			50
B		20		10	3	2		11	4	50

A が下側をもらい、B が上側をもらうと、次のようになる。

	ベビーベッド	ベビーカー	ストーブガード	歩行器	いす	ベビー服	ベビーバス	布団	散髪セット	合計
A		25		5	8	6		2	4	50
B	20		20				10			50

状況 4（勝者調整法）

今までは、相手の評価を知らないと仮定してきた。従って、2 人にとってより望ましい配分を探すことが困難であった。相手の評価を知っているので、2 人にとって望ましいギリギリのところまで追求することが可能となる。効率性の定義の後に、羨望を持たず、平等で、効率的に分ける方法を紹介する。

効率性

ある分け方が効率的であるとは、2 人のプレイヤーにとって望ましい他の分け方が存在しないことである。すなわち、プレイヤーAへ G^A をプレイヤーBへ G^B を分ける G の分け方を (G^A, G^B) とする。$u_A(G^A) \leq u_A(H^A), u_B(G^B) \leq u_B(H^B)$（ただし、少なくとも一方は等号が成り立たない）となる、他の G の分け方 (H^A, H^B)

が存在しないならば、分け方(G^A, G^B)は効率的であるという（上図を参照）。

羨望を持たず、平等で、効率的に分ける勝者調整法を紹介する[26]。

勝者調整法（AW 法、Adjusted Winner Procedure）

(1) まず、各品物に関して高い評価をしているプレイヤーに仮に与える。

(2) 同じ評価をしている品物（（後述する）数値比が最小である）を(1)の時点で少なくもらっているプレイヤーに優先的に与える。この時点で2人のプレイヤーが等しい利得をもらうように調整できれば、それが求める分け方である。

(3) この時点で少なくもらっているプレイヤーに、多くもらっているプレイヤーから、（後述する）数値比が次に小さい品物を与える。2人のプレイヤーが等しい利得をもらうように調整できれば、それが求める分け方である。そうでなければ、この(3)を繰り返す。

分割する必要があるのは高々1つの品物である。他の品物は分割可能でなくてもよい。

数式を利用して上記の手順を、再度、説明する。（必要ならば）xとyを交換し、k個の配分すべき品物の番号付けを変更し、次が成り立つようにする。

$$x_n > y_n \ (n = 1, ..., r)$$
$$x_n = y_n \ (n = r+1, ..., s)$$
$$x_n < y_n \ (n = s+1, ..., k)$$
$$\frac{x_1}{y_1} \leq \cdots \leq \frac{x_r}{y_r}$$
$$\sum_{n=1}^{r} x_n \geq \sum_{n=s+1}^{k} y_n$$

また、評価がxの方をプレイヤーA、yの方をプレイヤーBと仮定する。$G^A = \{G_1, ..., G_r\}$、$G^B = \{G_{s+1}, ..., G_k\}$、$G^0 = \{G_{r+1}, ..., G_s\}$とおく。$u_A(G^A) \geq u_B(G^B)$である。

(1) この時点ではプレイヤーAが $G^A = \{G_1, ..., G_r\}$ を、プレイヤーB が

---

[26] 後述するように、平等で効率的な分け方は羨望を持たない分け方であるので、「羨望を持たず」はなくても良い。

$G^B = \{G_{s+1},...,G_k\}$ を仮にもらっている。

(2)　$u_A(G^A) = u_B(G^B \cup G^0)$ が成り立てば、$(G^A, G^B \cup G^0)$ が求める分け方である。$u_A(G^A) < u_B(G^B \cup G^0)$ が成り立てば、G^0 の一部（必要ならば、高々1個の品物を分割する）をプレイヤーAへ移動させることにより、2人のプレイヤーの利得を等しくすることが可能であり、これが求める分け方である。一方、$u_A(G^A) > u_B(G^B \cup G^0)$ が成り立てば、(3)へ進む。

(3)　G^A の品物の中で（後述する）数値比の一番小さい品物（G_n とする）をプレイヤーAからプレイヤーBへ移動させる。$u_A(G^A - \{G_n\}) \leq u_B(G^B \cup G^0 \cup \{G_n\})$ が成り立てば、（必要ならば G_n を分割することにより）2人のプレイヤーの利得を等しくすることが可能であり、これが求める分け方である（詳しく計算法は、後述する）。一方、$u_A(G^A - \{G_n\}) > u_B(G^B \cup G^0 \cup \{G_n\})$ が成り立てば、$G^A - \{G_n\}$ を新たに G^A とみなし、(3)を繰り返す。

数値比の定義と品物を分割する場合の計算方法を述べる。

数値比

品物 G_n の数値比は $\dfrac{\max\{x_n, y_n\}}{\min\{x_n, y_n\}}$ で与えられる。（この数値比は $G_1,...,G_r$ の順で大きくなるので、(3)ではこの順に調べることになる。）

分割する場合の計算方法

$u_A(G^A - \{G_n\}) + \alpha x_n = u_B(G - G^A) + (1-\alpha) y_n$ を解いて、

$\alpha = \dfrac{u_B(G - G^A) + y_n - u_A(G^A - \{G_n\})}{x_n + y_n}$ となる。従って、まず、プレイヤーAは $G^A - \{G_n\}$ をもらい、プレイヤーBは $G - G^A$ をもらう。次に、品物 G_n を $\alpha : (1-\alpha)$ の比で分ける。

大雑把にいえば、勝者調整法は、まず、各品物を高く評価している方へ、仮に与える。その後、もらっている利得が多いプレイヤーから少ないプレイヤーへ、評価があまり異ならない品物から順に、移動させ、利得が同じになるようにする。また、勝者調

$$\begin{aligned} &\max \lambda \\ &\text{s.t.} \begin{cases} \sum_{n=1}^{k} x_n u_n = \lambda \\ \sum_{n=1}^{k} y_n v_n = \lambda \\ u_n + v_n = 1 \ (n = 1,...,k) \\ u_n \geq 0 \ (n = 1,...,k) \\ v_n \geq 0 \ (n = 1,...,k) \end{cases} \end{aligned}$$

整法は右の線形計画問題を解くことと同値である。ただし、x と y は元のままでよい。

例（簡単な例；続き）

評価表	G_1	G_2	G_3	合計
Aの評価	40	35	25	100
Bの評価	30	55	15	100

に勝者調整法を適用する。(1)を適用すると右下のようになる（$G^A=\{G_1,G_3\}$、$G^B=\{G_2\}$）。(2)は該当せず）。

	G_1	G_2	G_3	合計
Aの評価	40		25	65
Bの評価		55		55
数値比	$\frac{4}{3}$		$\frac{5}{3}$	

(3)を適用する。G_1 をAからBに移動させると 65-40=25<55+30=85 となってしまうので、G_1 を分割する。

$25 + 40\alpha = 55 + 30(1-\alpha)$ より

$\alpha = \dfrac{55+30-25}{40+30} = \dfrac{6}{7}$ となるので、結局、

右の表のようになる。AはGを $\dfrac{6}{7}$ とG₃

	G_1	G_2	G_3	合計
Aの評価	$\frac{6}{7}\times 40$		25	$59\frac{2}{7}$
Bの評価	$\frac{1}{7}\times 30$	55		$59\frac{2}{7}$

をもらい、BはG₁を $\dfrac{1}{7}$ とG₂をもらい、共に $59\dfrac{2}{7}$ の利得となる。

この解は右の線形計画問題を解いても得られる。

$$\max \lambda$$
$$\text{s.t.} \begin{cases} 40u_1 + 35u_2 + 25u_3 - \lambda = 0 \\ 30v_1 + 55v_2 + 15v_3 - \lambda = 0 \\ u_n + v_n = 1 \ (n=1,2,3) \\ u_n \geq 0 \ (n=1,2,3) \\ v_n \geq 0 \ (n=1,2,3) \end{cases}$$

例（もらったお菓子）

評価表	シュークリーム	マロングラッセ	マドレーヌ	ジェリー	チョコバー	クッキー	チョコボール	合計
A	30	2	16	8	18	10	16	100
B	10	40	10	4	10	10	16	100

「もらったお菓子」に勝者調整法を適用する。ただし、兄をA、妹をBとする。(1)を適用すると次のようになる（$G^A=\{$シュークリーム, マドレーヌ, ジェリー, チョコバー$\}$、$G^B=\{$マロングラッセ$\}$、$G^0=\{$クッキー, チョコボール$\}$）。

5章 公平に分ける

	評価表							
	シュークリーム	マロングラッセ	マドレーヌ	ジェリー	チョコバー	クッキー	チョコボール	合計
A	30		16	8	18			72
B		40						40

(2)を適用すると、次のようになる。

	評価表							
	シュークリーム	マロングラッセ	マドレーヌ	ジェリー	チョコバー	クッキー	チョコボール	合計
A	30		16	8	18			72
B		40				10	16	66
数値比	3	20	1.6	2	1.8			

(3)を適用する。マドレーヌをAからBへ移動させると、72−16=56<66+10=76 となるので、マドレーヌを分割する。$56+16\alpha = 66+10(1-\alpha)$ より $\alpha = \dfrac{66+10-56}{16+10} = \dfrac{10}{13}$ となるので、次のようになる。

	評価表							
	シュークリーム	マロングラッセ	マドレーヌ	ジェリー	チョコバー	クッキー	チョコボール	合計
A	30		$\dfrac{10}{13} \times 16$	8	18			$68\dfrac{4}{13}$
B		40	$\dfrac{3}{13} \times 10$			10	16	$68\dfrac{4}{13}$

分割選択の例（もらったお菓子）（155 ページ参照）において、妹の評価を知っている兄が先手の有利さを悪利用せずに、勝者調整法を利用すれば、2人とも $68\dfrac{4}{13}$ の利得を得られることになる。

例（若い夫婦；続き）

	ベビーベッド	ベビーカー	ストーブガード	歩行器	いす	ベビー服	ベビーバス	布団	散髪セット	合計
A	25	25	5	5	8	6	20	2	4	100
B	20	20	20	10	3	2	10	11	4	100

「若い夫婦」では、各品物は分割できないので、勝者調整法を適用できない。しかし、勝者調整法のアイデアを借用して、異なる分け方を求める。

(1)を適用すると次のようになる (G^A={ベビーベッド, ベビーカー, ベビーバス, いす, ベビー服}、G^B={ストーブガード,歩行器,布団}、G^0={散髪セット})。

	ベビーベッド	ベビーカー	ストーブガード	歩行器	いす	ベビー服	ベビーバス	布団	散髪セット	合計
A	25	25			8	6	20			84
B			20	10				11		41

(2)を適用すると、次のようになる。

	ベビーベッド	ベビーカー	ストーブガード	歩行器	いす	ベビー服	ベビーバス	布団	散髪セット	合計
A	25	25			8	6	20			84
B			20	10				11	4	45
数値比	$\frac{5}{4}$	$\frac{5}{4}$			$\frac{8}{3}$	3	2			

(3)を適用する。ベビーベッドをAからBに移動させると、$84-25=59<45+20=65$ となり、幾分平等に近づいた。

	ベビーベッド	ベビーカー	ストーブガード	歩行器	いす	ベビー服	ベビーバス	布団	散髪セット	合計
A		25			8	6	20			59
B	20		20	10				11	4	65
数値比		$\frac{5}{4}$			$\frac{8}{3}$	3	2			

例（若い夫婦）の（指差し手続きによる）答え（AとBは共に50をもらっていた）よりもAとBの両方にとって得になった。従って、指差し手続きで得られる配分は効率的ではない。

5章 公平に分ける 165

例（二人の優勝者）

里山をA、大山をBとおく。

評価表

	米	味噌	干ししいたけ	ヤマメの甘露煮	合計
Aの配点	30	5	10	55	100
Bの配点	60	5	25	10	100

(1)より

(G^B={米,干ししいたけ}、G^A={ヤマメの甘露煮}、G^0={味噌})

	米	味噌	干ししいたけ	ヤマメの甘露煮	合計
Aの配点				55	55
Bの配点	60		25		85

(2)より

	米	味噌	干ししいたけ	ヤマメの甘露煮	合計
Aの配点		5		55	60
Bの配点	60		25		85
数値比	2		2.5		

(3)より米をBからAに移動させると 85−60=25<60+30=90 となるので、米を分割する。$25 + 60\alpha = 60 + 30(1-\alpha)$ より $\alpha = \dfrac{60+30-25}{60+30} = \dfrac{13}{18}$ となるので、結局、次の表のようになる。Aは米を $\dfrac{5}{18}$ と味噌とヤマメの甘露煮をもらい、Bは米 $\dfrac{13}{18}$ と干ししいたけをもらう。利得は共に $68\dfrac{1}{3}$ である。

	米	味噌	干ししいたけ	ヤマメの甘露煮	合計
Aの配点	$\dfrac{5}{18} \times 30$	5		55	$68\dfrac{1}{3}$
Bの配点	$\dfrac{13}{18} \times 60$		25		$68\dfrac{1}{3}$

この解は次の線形計画問題を解いても得られる。

$$\max \lambda$$
$$\text{s.t.} \begin{cases} 30u_1 + 5u_2 + 10u_3 + 55u_4 - \lambda = 0 \\ 60v_1 + 5v_2 + 25v_3 + 10v_4 - \lambda = 0 \\ u_n + v_n = 1 \ (n=1,...,4) \\ u_n \geq 0 \ (n=1,...,4) \\ v_n \geq 0 \ (n=1,...,4) \end{cases}$$

考察（平等性、効率性、羨望を持たない）

　分け方が持つ性質として、羨望を持たない、平等性、効率性をあげてきた。「羨望を持たない」とは、自分のもらう分と相手のもらう分を自分の評価で計り、自分のもらう分の方が大きいか等しい場合であった。「平等」とは、自分のもらう分を自分の評価で計り、相手のもらう分を相手の評価で計り、両者が一致することであった。また、「効率的」であるとは、その分け方よりも、2人が共に良くなる分け方がないことであった。

　平等性と効率性が満たされれば、自動的に羨望を持たないことになることを例で示す。上記の線形計画問題でλが自分のもらう分を自分の評価で計った値であった。これが$\lambda \geq 50$を満たせば、羨望を持たない、ことになる。上記の線形計画問題のの解は

$$u_1 = \frac{5}{18}, v_1 = \frac{13}{18}, u_2 = 1, v_2 = 0, u_3 = 0, v_3 = 1, u_4 = 1, v_4 = 0, \lambda = 68\frac{1}{3}$$

となっており、$\lambda \geq 50$を満たしている。一般に、もし、$\lambda < 50$であれば、AとBがもらったものを交換すれば、自分のもらう分を自分の評価で計った値が$1 - \lambda \geq 50$となり、λが最大値であることに矛盾する。従って、$\lambda \geq 50$となる。

　以上をまとめると、「平等で効率的な分け方は羨望を持たない分け方である。」すなわち、平等性と効率性を明示的に追求できる場合は、羨望を持たないという概念は不要である。これが、前章まで羨望を持たないという概念が出てこなかった理由である。

　パート2の最初で、この章で登場する2人のプレイヤーは同等と仮定しているので、「各自の取り分を自分自身の評価で計った値がなるべく大きく、かつ、2人の間で等しくなる」のが目標であろう、と述べた。すなわち、効率性と平

等性を満たす分け方を求めるのが目標である。これを実現する方法が、最後に述べた勝者調整法である。しかし、勝者調整法を適用するには、両者の評価を知っていて、さらに細かい計算を行わなくてはならない。必要ならば、（高々1個の）品物を分割しなければならない。

　（効率性と平等性はあきらめ、羨望を持たないように）手間をかけずに分けるには、分割選択法が適切である。仲介者に品物のリストを作ってもらうという程度の援助が頼めるならば、（羨望を持たず平等な結果を生む）指差し手続き法が適用できる。仲介者にもっと細かく関わってもらえるか、両者の評価を知って、細かい処理を行えるならば、勝者調整法が適用できる。

　可能ならば、両者の評価が共有できるようにし、勝者調整法を適用することが望ましい。

6章　ジレンマからの脱出

　この章では2人ゲームに限定し、個人の利益と全体の利益が一致しないジレンマ的状況を扱い、ジレンマからの脱出の可能性を探る。

パート1：例題編

例1：学生寮の共用スペース
　隣りあう二つの部屋は、バスルームと台所が共用になっている。お互いに使用後は、きれいにしておけばいつも気持ちよく使えるのだが、たいていそんなにうまくいかず、大なり小なりトラブルが起きるものでもある。私は、台所はお湯を沸かすぐらいであまり使わないのでちらかっていても問題はないのだが、トイレとシャワーは気になる。私としては、自分の使用後は使用前と同じくらいきれいな状態にして、出て行くというのがエチケットだと思う。相手もそう思ってくれればいいのだが、無頓着な人が多く、今までそんなにうまくいった経験がない。たいていいつも私だけがこまめに掃除をして、そのうちに私もばかばかしくなってやめてしまい、あんまり使わないようになる。つまり不便な状態か、あるいは不快な状態に甘んじることになる。
　今回も、私は、共に快適な状態を持続することを望みながら、相手が掃除せず、自分だけが掃除することをおそれた。相手が掃除しないなら、私も掃除をしたくない。隣の学生のために私が掃除をしなければならないどんな理由もないからだ。でも本心では、それなりに気を使って双方が掃除をすることを望んでいる。だから相手が掃除をするなら、私はもちろん掃除をするのだけれども、それがわからない。それで、私は掃除をせずに様子を見ていた。隣の学生はチラッと台所であったことがあり、その時互いに自己紹介をしたが、それ以来会っても話したことがない。しばらくたって私は、隣の学生は私の予想通り、掃除をしていないと判断した。トイレもシャワールームもどんどん汚くなっていくので、私としては、掃除をしたいのだが、私が掃除をすれば、それは隣の

学生のためにすることになる。つまり、交互に使用するとするなら、私が、自分が使用する前に、便器をきれいにすると、前回相手がしなかった分の掃除を私がすることになる。また、私の使用後に掃除をするなら、相手がいつもきれいな便器を使えることになる。いずれにしても相手は何もせずに快適に使用できるのだ。そのうち私が掃除をすることが相手にとって当たり前のことになっていくのではないか。こう考えると、もう一月になるが、私はなかなか掃除に踏み切れないでいる。そしていよいよ不便と不快の状態に突入するか、と思った頃、隣の学生が出て行き、別の人が入居したらしかった。私が、しばらく研修で寮を留守にしていて帰ったら、台所もバスルームもきれいになっていた。

隣の学生が引っ越した後で、寮の清掃員が入ったのだろうと思って、気に留めなかった。私は、前回と同じように、今度の隣人もトイレの掃除をするとは思えなかったので、いつものように、掃除をしないで様子を見ることにした。そしてある日、寮に清掃員なんかいないことを聞いて、お隣さんが掃除をしていることを知った。私は、まったく何もせずに観察を続けるのは、さすがに気が引けたが、本当に相手が掃除をする人なのかどうか、もう少し確かめたかったから一週間は掃除をしなかった。一週間がすぎて、私は今度の人は掃除をする、という確信を得たので、次から自分の使用後に、掃除をするようにした。そうすると、今度はお隣の人が掃除をするのをやめてしまった。私の掃除をあてにしているのか、まったく掃除をしなくなった。そして次第に私も、掃除できなくなった。というのは、お隣さんは、はじめの何日か、自ら掃除をすることによって、私を安心させたのかもしれない、との思いが湧いてきたからだ。自分を掃除する人だと思い込ませることで、私から毎回の掃除を引き出そうとしたのかもしれない、と。もしそれが真実なら、今度の隣人は、恐ろしい策士である。さすがに自分の考えは一般的ではないと思いなおした。私は、利用されることをおそれるあまり、相手に対して猜疑心を抱く傾向がある。だから、この思いも割り引いて考えなければいけない、と自戒しながら、他の可能性を探った。

あの汚いバスルームをきれいにしたのは誰か、それは、出て行った学生ではなく、今度入居した人だろう。隣人は、気持ちよく共用スペースを使いたい

と思って、自分が汚したわけではないのに、掃除した。その後、続けて掃除し続けたのは、たぶん、互いが掃除することを願ってのことだった。ところが、私が一向に掃除をしないので、いやになってやめた。誰しも、一方的に利用されるのはいやだからだ。隣人は、私を掃除しない人に分類してしまったのかもしれない。だとすると、私の取る手は一つ、再び掃除をすること、そして少し長い目で根気よく続けることではないか。なぜなら、相手は、私と同じく双方が掃除をすることを良しとしていると思われるからだ。私は、掃除をすることに決めた。今後どうなるか分からないが、少し続けてみるつもりだ。相手の姿を見たことがないけど、いつか台所で出会ったら、話が弾むような気がする。

数理的見方

この学生寮の共用スペースの掃除をするか否かの問題を次のように割り切って捉えてみる。私（プレイヤー1 とする）と相手（プレイヤー2 とする）は共に「掃除をする」と「掃除をしない」の2つの選択肢があり毎回の自分の利用に際して次のような**戦略形ゲーム**（172 ページの「戦略形ゲーム」の説明を参照）を行っていると考えよう[27]。

		相手（プレイヤー2）の戦略	
		する	しない
私（プレイヤー1）の戦略	する	$1-c, 1-c$	$1/2-c, 1/2$
	しない	$1/2, 1/2-c$	$0, 0$

c は掃除をするコストで $1/2 < c < 1$ と仮定する。

表において「する」は「掃除をする」、「しない」は「掃除をしない」を意味する。この戦略形は次のようにして得られる。2 人とも掃除をしない状態を基準とし、0 の利得を得るとする。2 人の中の 1 人が掃除をすれば、バスルームがきれいな状態となり、1 の快適さを得るとし、掃除をするコストを c とする。2 人とも掃除をすれば、1 の快適さから自分が掃除したコスト c を引き、

---

[27] バスルームは私と相手の 2 人が同時に利用するわけではない。また自分の直前に利用した人が必ずしも相手であるわけではない。しかし、話を単純化し、同時手番のゲームであり、直前に利用した人は 1/2 の確率で私または相手である、として考察する。

結局、1−c の利得を得る。自分だけが掃除をすれば、期待値としての 1/2 の快適さから自分が掃除したコスト c を引き、結局、1/2−c の利得を得る。相手だけが掃除をすれば、自分が掃除をしたコストはなく、期待値としての 1/2 の快適さがそのまま利得となる。

　この戦略形ゲームにおいて、「私」が好んでいる順に並べると、「相手だけが掃除をする」、「2人とも掃除をする」、「2人とも掃除をしない」、「私だけが掃除をする」となる。すなわち、**囚人のジレンマゲーム**（174 ページの「囚人のジレンマゲーム」を参照）である。

　「私」は、この戦略形ゲームを（繰返し行うという意味で）長期的な展望で眺めていて、「2人とも掃除をする」を目指しているのかもしれない。または、自分の好みを、（平等で効率的な）「2人とも掃除をする」、「2人とも掃除をしない」、「相手だけが掃除をする」、「自分だけが掃除をする」、の順に変えて、「2人とも掃除をする」を目指しているのかもしれない。

　もし、「私」が通常のゲーム理論で想定されている合理的なプレイヤーであれば、長期的な展望に立って、例えば、TFT（175 ページの「繰返しゲーム」の最初の部分を参照）を利用して、ジレンマからの脱出を目指すであろう。すなわち、最初から「掃除をする」で始め、相手が掃除をしない場合だけ、1回だけ「掃除をしない」であろう。

　しかし、この（相手に対して猜疑心を抱く傾向がある）「私」はそのような合理的なプレイヤーではなかろう。

　新しい隣人に対して最初に取ったパターンでは、「私」は自分から掃除をしなかったし、相手が掃除をしてもそれにすぐに応じて掃除をすることがなかった。このような戦略を単純化して **SuTFT**（183 ページの「公平的基準を持つプレーヤー」の SuTFT を参照）として想定する。新しい隣人に対して次に取ろうとするパターンでは、「私」は相手が掃除をしなくても、自分はしばらく掃除をし続ける。このような戦略を単純化して、例えば、**STF2T**（183 ページの「公平的基準を持つプレーヤー」の STF2T を参照）として想定する。

　SuTFT のように相手に対して猜疑心を抱く傾向がある人に対しては、STF2T のように、相手も自分と同じく双方が掃除をすることを良しとしていると思い、

少し長い目で根気よく掃除を続ける、人の存在が重要となる。後者の存在によって、ジレンマからの脱出の可能性が高まる（187 ページの「STF2T の役割」を参照）。猜疑心を抱く傾向が高い現代人にとって、STF2T の役割を認識することは大事である。

パート 2：解説と計算編

この章では囚人のジレンマゲーム等を題材にジレンマ的状況からいかに脱出するかを中心に述べる。準備として、戦略形ゲーム、ナッシュ均衡、繰返しゲーム、等の説明から始める。

戦略形ゲーム

右の表で与えられるゲームを考察しよう。2 人の行為者がいる。これを**プレイヤー**1 と 2 と呼ぶ。

		プレイヤー2の戦略	
		C	D
プレイヤー1の戦略	C	1,1	–2,1/2
	D	1/2,–2	0,0

この 2 人のプレイヤーには取ることができる行為の集合が与えられていて、どれか一つを選ぶことができる。この例の場合、両プレイヤーは共に C または D のどちらかの行為を選べる。この行為を**戦略**と呼ぶ。すなわち、2 人のプレイヤーは、共に、C と D の 2 つの戦略を持つ。各プレイヤーが自分の取り得る戦略の中から一つを選ぶとある結果が起こる。この結果は、自分の戦略と相手の戦略の両方に依存する。われわれはこの結果により数値として与えられる**利得**に興味がある。上の表はこの利得を列挙したものである。例えば、プレイヤー1 が戦略 D を取り、プレイヤー2 が戦略 C を取ると、プレイヤー1 の戦略 D の行とプレイヤー2 の戦略 C の列の交差する利得 (1/2,–2)が得られる。左の数値 1/2 がプレイヤー1 のもらう利得で、右の数値–2 がプレイヤー2 のもらう利得である。各プレイヤーが取り得る戦略を列挙し、その結果、どのような利得が得られるかを表現したこの表は**戦略形**（で表現された）ゲームと呼ばれる。

各プレイヤーは自分の利得が大きい方が望ましいと判断している。もし、

相手がいなければ、自分の利得が最大となる戦略をとれば良い。しかし、相手がおり、相手の戦略により自分の利得が変化し、かつ、相手も自分の利得が大きい方が望ましいので、事態は複雑になる。多くの社会的な現象は結果が多数の参加者の行為に依存するので、まさに、これよりも複雑な状況である。上記の2人ゲームはこのような社会現象の最もシンプルな場合である。

ナッシュ均衡

　自分の利得が大きい方が望ましいと判断している2人のプレイヤーが上記の戦略形ゲームを行う場合、どのような結果が起こるだろうか？自分の行為だけで結果が決まる場合は自分の利得を最大にする戦略を選べばよいが、結果は相手の行為にも依存するので、単純な自分の利得の最大化は望めない。以下のように2人の考えが均衡するところがあり得る結果であろう。プレイヤー1と2が共に戦略 D を取っているとする。これを戦略の組(D,D)で表す。この時、各プレイヤーは（他のプレイヤーが戦略を変更しないという条件のもとで）自分の戦略を変更したいと思うだろうか？(D,D)の時、プレイヤー1は 0 の利得を得ている。自分だけが D から C へ戦略を変えても 0 から-2 となり、利得が増えるわけではないので、D を変更しないであろう。プレイヤー2 も全く同様な理由により、D を変更しないであろう。すなわち、戦略の組(D,D)は、どちらのプレイヤーも自分の戦略を変える動機を持たないという意味で、均衡している。この戦略の組(D,D)を**ナッシュ均衡**と呼ぶ。では、戦略の組は(D,C)どうだろうか？プレイヤー1 は自分だけが D から C へ戦略を変えると利得が 1/2 から 1 へ増えるので C へ変更するであろう。従って、戦略の組 (D,C)はナッシュ均衡ではない。同様にチェックすると戦略の組(C,C)はナッシュ均衡となり、戦略の組は(C,D)はナッシュ均衡ではない。このように戦略の組を 1 つずつ調べていけばよい。

　ナッシュ均衡の他の求め方は次の通りである。戦略形の表において、コンマの左にある（プレイヤー1 の利得を表す）数値を上下方向に見て、最大値に下線を引く。コンマの右にある（プレイヤー2 の利得を表す）数値を左右方向に見て、最大値に下線を引く。コンマの左と右の両方の数値に下線が引かれて

いれば、その利得の組を実現する戦略の組がナッシュ均衡となる。上記の戦略形の表で実際に試みると、ナッシュ均衡が(C,C)と(D,D)であることが分かる[28]。

ナッシュ均衡を戦略形ゲームの解として採用するという立場は、「利得を細かく計算し、利得の小さい方ではなく大きい方を常に目指す、という点において厳密である」プレイヤーを想定する、ということである。

例（囚人のジレンマゲーム、チキンゲーム、保証ゲーム）

(Pr) $a>1, b<0$ の時、**囚人のジレンマゲーム**と呼ばれ、ナッシュ均衡は(D,D)である。

		プレイヤー2の戦略	
		C	D
プレイヤー1の戦略	C	1,1	b,a
	D	a,b	0,0

(Ch) $a>1, b>0$ の時、**チキンゲーム**と呼ばれ、ナッシュ均衡は (C,D)と (D,C)である。

(As) $a<1, b<0$ の時、**保証ゲーム**と呼ばれ、ナッシュ均衡は(C,C)と(D,D)である。

前章まで、様々な状況において公平に扱うことを見てきた。そのような全体からの観点からこのゲームを見てみる。2人のプレイヤーにとってなるべく利得が大きく、その差がなるべく小さい方が望ましいと思われる。この観点からは(0,0)の利得を与える戦略の組(D,D)よりも(1,1)の利得を与える戦略の組(C,C)が望ましい。また、$a+b<2$ ならば、平等性の観点から、利得(a,b)や(b,a)を与える戦略の組(D,C)や (C,D)よりも (1,1)の利得を与える戦略の組 (C,C)が望ましい。$a+b>2$ ならば、平等性の観点から、利得の差をなるべく小さくする方法があれば、(1,1)の利得を与える戦略の組 (C,C)よりも利得(a,b)や(b,a)を与える戦略の組 (D,C)や (C,D)の方が望ましい場合があり得る。

さて、(Pr)の囚人のジレンマゲームにおいては、ナッシュ均衡(D,D)における利得 (0,0)は(C,C)における利得 (1,1)と比べ共貧的である。(Ch)のチキンゲームにおいては、$a+b<2$ の場合、平等性の観点から、ナッシュ均衡(C,D)と(D,C)における利得 (b,a)と (a,b)よりも利得 (1,1)を与える(C,C)の方が望ましいで

---

[28] 本章で扱うのは（可能な行為の中からどれか一つを選ぶというタイプである）純粋戦略、におけるナッシュ均衡である。確率的に行為を選ぶタイプの混合戦略まで拡張した場合の（混合戦略における）ナッシュ均衡に関しては述べない。

あろう。(As) の保証ゲームでは $a+b<1$ であるので、平等性の観点から、(1,1) の利得を与える戦略の組 (C,C) が望ましいが、それはすでにナッシュ均衡の1つとなっている。従って、全体からの観点からみると、(Pr) の囚人のジレンマゲームと (Ch) のチキンゲームにおいて、望ましい結果がナッシュ均衡として実現していないことになる。

　全体からの観点から見て望ましい結果の実現を（例えば、ゲームを変換しナッシュ均衡として、または、ゲームの捉え方を変えて）支持する方法はないのであろうか？例えば、長期的展望に立ち、全体の利益を上げることにより同時に自分の利益を上げることが可能であろうか？長期的展望を組み込む一つの方法はゲームを繰返し行うことである。

繰返しゲーム

　繰返しゲームとは、「戦略形で与えられたゲームを1回ではなく何回も繰返す」このこと全体を1つとみなすゲームである。1回限りのゲームと繰返しゲームとの大きな違いは、繰返しゲームでは、ある時点で自分が取る手を過去の履歴に依存して決定できる点である。

　囚人のジレンマゲームを例として利用し、どのように状況が変わるかを見てみる。下の表で与えられている囚人のジレンマゲーム（$a>1, b<0, a+b<2$）を無限回繰返して行う。

　理論的に厳密に取り扱うのはやめて、繰返しゲームの代表的な5つの戦略だけを登場させる。5つの戦略は、次のような、AllD、Alt、AllC、Grim、TFT（Tit for tat、しっぺ返し戦略）である。

		プレイヤー2の戦略	
		C	D
プレイヤー1の戦略	C	1,1	b,a
	D	a,b	0,0

AllD：　「いつも D を取る」
Alt：　「CDCD と交互に取り続ける」
AllC：　「いつも C を取る」
Grim：　「初回は C を取る。以降は、相手が今までに一度も D を取っていなければ C を、一度でも D を取っていれば D を取る」

TFT：　「初回はCを取る。以降は、相手が直前に取った手を取る」

　この中で過去の状況に応じて自分の行為を変える戦略はGrimとTFTだけで、あとの4つは自分の決めた行為をただひたすら実行する。

　さて、AllDとAlt以外の戦略が対戦すると、結果はいつも(C,C)であり、両者とも毎回1の利得をもらう。AllD同士だと、結果はいつも(D,D)であり、両者とも毎回0の利得をもらう。AllDとAllCが対戦すると結果はいつも(D,C)であり、毎回(a,b)の利得をもらう。AllDとGrim（または、TFT）と対戦すると、結果は初回が(D,C)で以降は(D,D)であり、初回に(a,b)の利得をもらうだけである。AltとTFTが対戦すると、結果は初回が(C,C)で、以降、(D,C)と(C,D)が交互に繰返される。利得は初回が(1,1)で、以降、(a,b)と(b,a)が繰返される。Altと他の戦略の対戦も同様に考えれば良い。

　AllCとGrim（または、TFT）の差異はAllDと対戦した時を見れば分かる。AllDと対戦した時、状況依存ではないAllCは毎回最低の利得bに甘んじているが、状況に依存して自分の行為を決めるGrim（または、TFT）は1回だけ最低の利得bに甘んじるが、以降は搾取されない。

　利得の和を考察するために、割引率$\delta(0<\delta<1)$を導入する。次の期の額面1円の現在の期における価値はδ円である。割引率を導入する理由は以下の通りである。

- 無限期間にわたる利得の和が発散しないようにするため
- 銀行等に預けると利子がつくため
- 今期でゲームが終了する可能性を導入するため（各期において、次の期にゲームを行う確率はδである。確率$1-\delta$で今期限りでゲームは終了する）

　例えば、毎回1の利得をもらうと、割引かれた利得の和は

$$1+\delta+\delta^2+\cdots=\frac{1}{1-\delta}$$

となる。結局、AllD、Alt、AllC、Grim、TFTの5つの戦略による無限回繰返しゲームの戦略形は次のようになる。

	AllD	Alt	AllC	Grim	TFT
AllD	<u>0</u>,<u>0</u>	$\dfrac{a}{1-\delta^2}, \dfrac{b}{1-\delta^2}$	$\dfrac{\underline{a}}{1-\delta^2}, \dfrac{b}{1-\delta}$	a, b	a, b
Alt	$\dfrac{b}{1-\delta^2}, \dfrac{a}{1-\delta^2}$	$\dfrac{1}{1-\delta^2}, \dfrac{1}{1-\delta^2}$	$\dfrac{1+\delta a}{1-\delta^2}, \dfrac{1+\delta b}{1-\delta^2}$	$1+\delta a+\dfrac{\delta^2 b}{1-\delta^2},$ $1+\delta b+\dfrac{\delta^2 a}{1-\delta^2}$	$1+\dfrac{\delta a+\delta^2 b}{1-\delta^2},$ $1+\dfrac{\delta b+\delta^2 a}{1-\delta^2}$
AllC	$\dfrac{b}{1-\delta}, \dfrac{a}{1-\delta}$	$\dfrac{1+\delta b}{1-\delta^2}, \dfrac{1+\delta a}{1-\delta^2}$	$\dfrac{1}{1-\delta}, \dfrac{1}{1-\delta}$	$\dfrac{1}{1-\delta}, \dfrac{1}{1-\delta}$	$\dfrac{1}{1-\delta}, \dfrac{1}{1-\delta}$
Grim	b, a	$1+\delta b+\dfrac{\delta^2 a}{1-\delta^2},$ $1+\delta a+\dfrac{\delta^2 b}{1-\delta^2}$	$\dfrac{1}{1-\delta}, \dfrac{1}{\underline{1-\delta}}$	$\dfrac{1}{\underline{\underline{1-\delta}}}, \dfrac{1}{\underline{\underline{1-\delta}}}$	$\dfrac{1}{\underline{\underline{1-\delta}}}, \dfrac{1}{\underline{\underline{1-\delta}}}$
TFT	b, a	$1+\dfrac{\delta b+\delta^2 a}{1-\delta^2},$ $1+\dfrac{\delta a+\delta^2 b}{1-\delta^2}$	$\dfrac{1}{1-\delta}, \dfrac{1}{\underline{1-\delta}}$	$\dfrac{1}{\underline{\underline{1-\delta}}}, \dfrac{1}{\underline{\underline{1-\delta}}}$	$\dfrac{1}{\underline{\underline{1-\delta}}}, \dfrac{1}{\underline{\underline{1-\delta}}}$

まず、コンマの左右両方に引かれている下線から、(AllD,AllD)はナッシュ均衡である。すなわち、繰返しゲームにしても依然(AllD,AllD)はナッシュ均衡である。$\dfrac{1}{1-\delta} \geq a$、すなわち、$\delta \geq \dfrac{a-1}{a}$（割引率$\delta$が十分1に近い）ならば、Grim の行と列において、2重下線で示したところが最大値となり、(Grim,Grim)がナッシュ均衡となる。$\dfrac{1}{1-\delta} \geq \max\left\{a, 1+\dfrac{\delta a+\delta^2 b}{1-\delta^2}\right\}$、すなわち、$\delta \geq \max\left\{\dfrac{a-1}{a}, \dfrac{a-1}{1-b}\right\}$（割引率$\delta$が十分1に近い）ならば、TFT の行と列において、2重下線で示したところが最大値となり、(TFT,TFT)がナッシュ均衡となる。

　何時までもゲームが続く可能性が高い（割引率δが十分1に近い）場合、長期的展望に立って、Cを取ることにより利得1をもらい続ける方が、目先の利益aを狙ってDを取り、（相手の報復を受け、）結局、利得0になってしまうよりも、良いというわけである。以上、（厳密な理論的説明を避けて）5つ

の戦略を登場させることにより、（ある条件のもとで）ナッシュ均衡として、(C,C)の実現を支持することができた。

長期展望に立ち、繰返しゲームを行う場合、全体の利益を上げ（効率的で）両者とも同じ利益をもらう（平等な）のは、$a+b<2$ の時、(C,C)を繰返すこと、$a+b>2$ の時、(C,D)と(D,C)を交互に繰返すこと、である。以下では、囚人のジレンマゲームとチキンゲームにおいて、これらが（ある条件のもとで）ナッシュ均衡として実現可能であることを（既に記述したものを含めて）列挙する。

〔$a+b<2$ の場合〕
囚人のジレンマゲーム、無限回繰返し：$a+b<2, a>1, b<0$

$\delta \geq \dfrac{a-1}{a}$ ならば、(Grim,Grim)がナッシュ均衡である。$\delta \geq \max\left\{\dfrac{a-1}{a}, \dfrac{a-1}{1-b}\right\}$ ならば、(TFT,TFT)がナッシュ均衡である。これらのナッシュ均衡では、毎回、(C,C)が実現する。

右図で Grim 戦略を示した。図において、円の中に書かれてある 2 文字の左側はプレイヤー1 が取るべき手、右側がプレイヤー2 の取るべき手である。従って、取るべき手の指針としてこの図を見る場合、円の中の自分以外のプレイヤーに対する部分は冗長である。円の外に書かれてある文字「C」または「D」はプレイヤーが認識する状態である。プレイヤーはこの 2 つの状態「C」と「D」しか区別していない。円から出ている矢印に沿って書かれている 2 文字はその円の状態の時に 2 人のプレイヤーが取り得る手の組み合わせであり、その組み合わせの手が取られた場合、その矢印に沿って状態が遷移する。例えば、状態 C で 2 人のプレイヤーが共に C を取れば（CC）、または、共に D を取れば（DD）、状態 C へ遷移する。何も書かれていない矢印は無条件にその矢印に沿って状態が推移することを示す。例えば、状態 D に一旦入れば、2 人がどの手を取っても、また状態 D へ推移する。すなわち、状態 D は吸収状態である。外部から円に入る矢印が指している状態（ここでは状態 C）が初期状態である。簡単に言えば、相手が D を取らない限り、C を取り続け、相手が D を取れば、D を取り続ける。

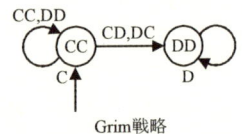

右図で TFT 戦略を示す。簡単に言えば、相手が D を取らない限り、C を取り続け、相手が D を取れば、その都度、1 回だけ D を取る。

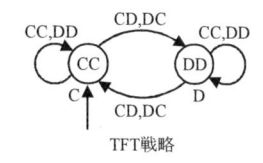

チキンゲーム、無限回繰返し：$a+b<2, a>1, b>0$

$\delta \geq \dfrac{a-1}{a-b}$ ならば、(ChickenCC,ChickenCC) がナッシュ均衡である。このナッシュ均衡では、毎回、(C,C) が実現する。ただし、ChickenCC 戦略は右の図で与えられる。簡単に言えば、相手が D を取らない限り、C を取り続け、相手が D を取れば、D を取り続ける。

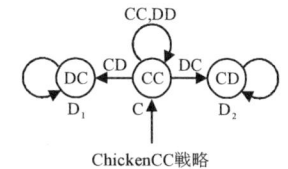

囚人のジレンマゲーム、有限回繰返し：$a+b<2, a>1, b<0$

有限回しか繰返さない次の場合を扱う。自分の最後の期は分かっているが、相手の最後の期は不明で、各期において、確率 $1-p$ で相手はその期でゲームを終了し、確率 p で次の期も相手はゲームを続けると仮定する。この時、$p^2 a \geq pa - (p+(1-p)b)$ ならば、(FiniteGrim,FiniteGrim) はナッシュ均衡である。このナッシュ均衡では、最後の期を除き (C,C) が実現する。ただし、FinteGrim 戦略は右の図で与えられる。図において「>=2:」は残り期間が 2 期間以上の場合を表し、「=1:」は最後の期を表す。簡単にいえば、最後の期は D を取る。最後の期を除き相手が D を取らない限り、C を取り続け、相手が D を取れば、D を取り続ける。

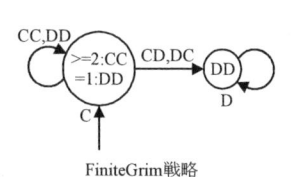

チキンゲーム、有限回繰返し：$a+b<2, a>1, b>0$

(FiniteChickenCC,FiniteChickenCC) はナッシュ均衡である。このナッシュ均衡では、残りが 3 期間以上ある場合は (C,C) が実現し、最後の 2 期間は (D,C), (C,D) で終わる。ただし、FiniteChickenCC 戦略は右の図で与えられる。簡単に言えば、最後の 2 期間を除き、ChickenCC

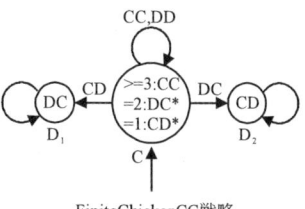

戦略と同様に、相手が D を取らない限り、C を取り続け、相手が D を取れば、D を取り続ける。最後の 2 期間は(D,C), (C,D)を狙う。

最後の 2 期間を(C,D), (D,C)で終わらせる場合、図において星印がついた部分「DC*」と「CD*」を、各々、「CD」と「DC」に変更すればよい。

〔$a+b>2$ の場合〕
囚人のジレンマゲーム、無限回繰返し：$a+b>2, a>1, b<0$

$\delta \geq -\dfrac{b}{a}$ ならば、(GrimCD_DC, GrimCD_DC)はナッシュ均衡である。このナッシュ均衡では、(C,D), (D,C)が繰返して起こる。ただし、GrimCD_DC 戦略は右の図で与えられる。簡単に言えば、(C,D), (D,C)の繰返を狙う。もし、逸脱すれば、以後、D を取り続ける。

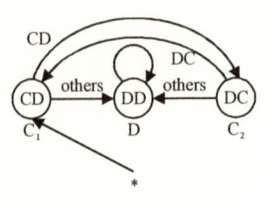

(D,C), (C,D)を繰返す場合は、図において星印の付いた矢印を C_1 ではなく C_2 を指すように変更すればよい。

囚人のジレンマゲーム、有限回繰返し：$a+b>2, a>1, b<0$

有限回しか繰返さない次の場合を扱う。自分の最後の期は分かっているが、相手の最後の期は不明で、各期において、確率 $1-p$ で相手はその期でゲームを終了し、確率 p で次の期も相手はゲームを続けると仮定する。この時、

$p^2 \geq -\dfrac{b}{a}$ ならば、(FiniteGrimCD_DC, FiniteGrimCD_DC)はナッシュ均衡である。このナッシュ均衡では、最後の期を除いて、(C,D), (D,C)が繰返して起こる。ただし、FiniteGrimCD_DC 戦略は右の図で与えられる。簡単に言えば、最後の期は D を取る。最後の期を除き (C,D), (D,C)の繰返を狙う。もし、逸脱すれば、以後、D を取り続ける。

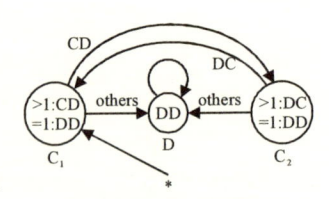

(D,C), (C,D)を繰返す場合は、図において星印の付いた矢印を C_1 ではなく C_2 を指すように変更すればよい。

チキンゲーム、無限回及び有限回繰返し：$a+b>2, a>1, b>0$

(ChickenCD_DC, ChickenCD_DC)はナッシュ均衡である（$a+b<2$ の時も成立する）。このナッシュ均衡では、(C,D), (D,C)が繰返して起こる。ただし、ChickenCD_DC 戦略は右の図で与えられる。簡単に言えば、(C,D), (D,C)の繰返を狙う。逸脱すれば、以後、Cを取り続ける。

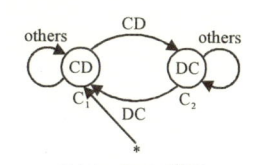

ChickenCD_DC戦略

(D,C), (C,D)を繰返す場合は、図において星印の付いた矢印をC_1ではなくC_2を指すように変更すればよい。

以上、囚人のジレンマゲームとチキンゲームにおいて、ある条件のもとで、全体の利益を上げ（効率的で）両者とも同じ利益をもらう行為（これを、協調行動と呼ぼう）がナッシュ均衡として支持できた。

例（繰返しゲームによる協調行動）

次のゲームを無限回または有限回繰返して行う時、協調行動が起こり得る条件とそれを実現する戦略の組み合わせを求める。

まず、戦略の組合せ(C,C)による結果の利得が(1,1)、(D,D)による結果の利得が(0,0)となるように、

		プレイヤー2の戦略	
		C	D
プレイヤー1の戦略	C	4,4	−1,8
	D	8,−1	1,1

利得を変換する。2人の利得から1を引き、$\begin{pmatrix} 3,3 & -2,7 \\ 7,-2 & 0,0 \end{pmatrix}$、その後、3で割ると、右のようになる。

これは囚人のジレンマゲームである。また、$\frac{7}{3} - \frac{2}{3} = \frac{5}{3} < 2$ である。従って、協調行動は(C,C)を繰返すことである。無限回繰返す場合、

		プレイヤー2の戦略	
		C	D
プレイヤー1の戦略	C	1,1	$-\frac{2}{3}, \frac{7}{3}$
	D	$\frac{7}{3}, -\frac{2}{3}$	0,0

$\delta \geq \frac{7/3 - 1}{7/3} = \frac{4}{7}$ ならば、(Grim, Grim)が協調行動を実現するナッシュ均衡となる。

また、$\delta \geq \max\left\{\dfrac{7/3-1}{7/3}, \dfrac{7/3-1}{1+2/3}\right\} = \max\left\{\dfrac{4}{7}, \dfrac{4}{5}\right\} = \dfrac{4}{5}$ ならば、(TFT,TFT)が協調行動を実現するナッシュ均衡となる。

有限回繰返す場合、$\dfrac{7}{3}p^2 \geq \dfrac{7}{3}p - \left(p - (1-p)\dfrac{2}{3}\right)$、すなわち、$\dfrac{1+\sqrt{15}}{7} \leq p \leq 1$ ならば、(FinteGrim,FiniteGrim)が協調行動を実現するナッシュ均衡となる。

ゲームのリンク

長期的展望に立ちたくても考察対象となるゲーム（ゲーム1とする）を1回しかできない場合、他のゲーム（ゲーム2とする）とリンクすることにより(C,C)を実現し得る場合がある。ゲーム1は（Pr）囚人のジレンマゲームまたは（Ch）チキンゲームである。ゲーム2は（As）保証ゲームである。

ゲーム1			
		プレイヤー2の戦略	
		C	D
プレイヤー1の戦略	C	1,1	b_1,a_1
	D	a_1,b_1	0,0

ゲーム2			
		プレイヤー2の戦略	
		C	D
プレイヤー1の戦略	C	c_2,c_2	b_2,a_2
	D	a_2,b_2	0,0

$a_1 > 1, b_1 < 0$ または $a_1 > 1, b_1 > 0$
$a_2 < c_2, b_2 < 0, a_1 < c_2 + 1$

各プレイヤーがゲーム1とゲーム2を次のように行う。まず、ゲーム1を行い、その結果を知った上で、次にゲーム2を行う。ゲーム2において自分の取る手をゲーム1の結果に依存させることができるのは繰返しゲームと同様である。$a_1 < c_2 + 1$ と仮定する。

この時、次の戦略「ゲーム1ではCを取る。ゲーム2ではゲーム1の結果が(C,C)ならばCを、それ以外ならばDを取る。」を両者が取るのはナッシュ均衡である。このナッシュ均衡により、ゲーム1とゲーム2で(C,C)が実現している。

例（ゲームのリンク）

次のゲーム1とゲーム2をリンクして行うとする。ゲーム1で(C,C)を実現さ

せるには、ゲーム2の利得c_2をどれくらいに設定すれば良いだろうか？

ゲーム1			
		プレイヤー2の戦略	
		C	D
プレイヤー1の戦略	C	1,1	0.1,4
	D	4,0.1	0,0

ゲーム2			
		プレイヤー2の戦略	
		C	D
プレイヤー1の戦略	C	c_2,c_2	−1,2
	D	2,−1	0,0

$4<c_2+1, 2<c_2$ より $c_2>3$ となる。従って、利得c_2を3よりも大きく設定すれば良い。

　非協力ゲーム的状況においても、前章まででお馴染みの効率的で平等という概念は重要である。以上では、囚人のジレンマゲームとチキンゲームを取り上げ、この効率的で平等な結果がナッシュ均衡において実現され得ることを見た。

　さて、ナッシュ均衡という概念は参加するプレイヤーにかなりの合理性（「利得を細かく計算し、利得の小さい方ではなく大きい方を常に目指す、という点において厳密である」）を要求する。しかし、われわれは実生活において、相手の戦略に対して自分の利得を最大にする戦略を必ずしも取るとは限らない。以下では、囚人のジレンマゲーム（$a+b<2$の場合）に的を絞り、内部に矛盾を含むようなプレイヤーを仮定し、ジレンマからの脱出のヒントを探ってみる。

公平的基準を持つプレイヤー

　非協力ゲーム理論に登場するプレイヤーは、通常、自分の利得を大きくすることを目標とする、と仮定されている。しかしながら社会生活を行っているわれわれは「結果は公平であるべき」という考えも持っている。ここでは、囚人のジレンマゲームを題材に、「結果は公平であるべき」という考えを明確にプレイヤーの仮定に導入し、更に、厳密なMaximizerではない場合も考慮し、協調行動の実現可能性を検討する。すなわち、ジレンマの内在化とプレイヤーのタイプによるジレンマから脱出を検討する。ここで扱うゲームは下の表で与えられる。

$a'=a>1, b'=b<0, a+b<2$ の時の囚人のジレンマゲームである。さて、状況設定とプレイヤーに関する仮定を明確化する。

		\multicolumn{2}{c}{プレイヤー2の戦略}
		C	D
プレイヤー1の戦略	C	1,1	b,a'
	D	a,b'	0,0

- 状況設定　プレイヤー1と2は自分の意思でCまたはDを取る。
- プレイヤーに関する仮定　プレイヤーは次の2つの相反する基準を持つ[29]。

　（利己的基準：）自分の利得にのみ興味があり、それをなるべく大きくしたい。従って、一番望ましいのは(D,C)であり、次に(C,C)が、次に(D,D)が最後に(C,D)が来る。（もとの $a>1, b<0$ のままである。）また、厳密な Maximizer である。

　（公平的基準：）平等（2人の利得差が少ない）で効率的（2人の利得が共に大きい）な結果を望ましいと考える。従って、一番望ましいのは(C,C)であり、次に(D,D)が、次に(D,C)が、最後に(C,D)が来る。（元の利得表を、主観的に $0>a>b$ とみなしていることになる。）また、厳密な Maximizer ではない。

以上が、状況設定とプレイヤーに関する仮定である。

しかしながら、上記の仮定のままでは自分の中に矛盾する2つの基準があるので、自分の取る行為を決定できない。繰返しゲームを行う場合を想定し、自分が採用する基準と予想する相手に基づいて自分の取る行為を決定する様子を見る。

従来の利己的基準に従う人は(C,C)または(D,D)の実現を目指す。公平的基準に従う人は(C,C)の実現を目指す。

(C,C)の実現を目指す利己的基準に従うプレイヤーは、前節までに述べてきたことにより、繰返しゲームのナッシュ均衡を構成する、Grim や TFT を取るであろう。同様に(D,D)の実現を目指す利己的基準に従うプレイヤーは、AllD を取るであろう。

さて、公平的基準に従うプレイヤーは、(C,C)の実現を目指すが、どのよう

---
[29] 以下の2つの基準の記述において、プレイヤーをプレイヤー1としている。プレイヤー2の場合も同様である。

6章 ジレンマからの脱出　185

にするだろうか？(C,C)実現への不安がなく、相手のプレイヤーが利己的基準に従うと予想するならば、（相手は厳密な Maximizer なので）相手に利用されないために、Grim や TFT を取るであろう。

　では、相手のプレイヤーが公平的基準に従うと予想する時はどうであろうか？(C,C)が実現するためには、相手のプレイヤーが C を取らなくてはならない。最初の期に相手が C を取ってくると予想できるだろうか？相手が C を取ってくると確信できるなら、C で始めることができるが、D を取ってくるかもしれない不安があれば、D で始めることになるだろう。また、以降の期において、相手が C を取った場合、次の期も C を取ると予想できるだろうか？また、相手が D を取った場合、今後も D を取り続けるだろうか？(C,C)実現への不安と(C,C)実現への意志の強さを表すために、TFT の変種である、TF2T、SuTFT(p)、GTFT(q)、STF2T(r)を導入する。

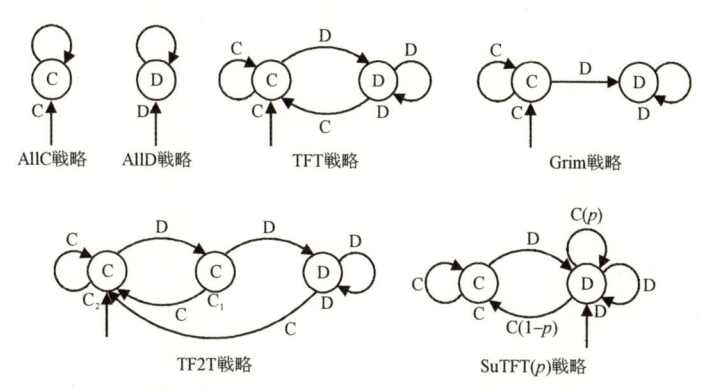

（図：AllC戦略、AllD戦略、TFT戦略、Grim戦略、TF2T戦略、SuTFT(p)戦略）

　これらの戦略（AllC と AllD も加えて）を図で表す（上図と下図を参照）。前節で与えた図の表現と異なり、この節では相手の取るべき手と、自分が取った手を省いた形式で記述している。従って、円内の文字は自分の取る手を表し、矢印に沿って書いてある文字は相手が取った手を表す。

　TFT と Grim は既に登場した。TF2T（Tit for two tats）は TFT に比べて優しく、1度の裏切りは許すが、2回続けての裏切りは許さない。TFT と TF2T の変種が SuTFT（Suspicious TFT）と GTFT（Generous TFT）と STF2T（Sticky TF2T）で

ある。図において、例えば、C(p)は相手がCを取っても確率pでこの矢印に沿って進みDを取ることを意味する。SuTFTはTFTと異なりDから始まる。また、相手がCを取って来ても確率pでまたDを取る可能性がある。GTFTは相手がDを取ってきても、確率qでまたCを取る可能性があるところがTFTとの違いである。STF2TはGTFTとTF2Tの特徴を持っている。相手がDを取ってきてもまた確率rでCを取る可能性があり、相手が少なくとも続けて2回裏切らない限りはDを取らない。

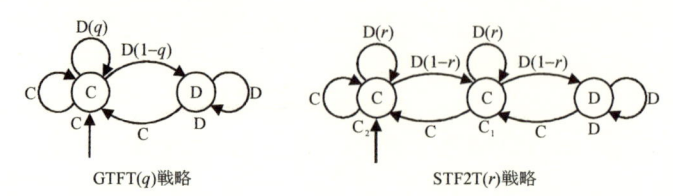

GTFT(q)戦略　　　　STF2T(r)戦略

SuTFTは(C,C)の実現を目指してはいるが、最初の期に相手がCを取ってくると確信できず、Dを取ってくるかもしれないという不安があるので、Dで始め、相手がCを取ってきても、それを単純に相手の(C,C)狙いであると解釈せず自分はDで様子を見る、確率pは警戒心の強さを表している。囚人のジレンマゲームを主観的に $0 > a > b$ となるゲームへと変換するが、しかし、協調行動の実現には不安がある。このようにSuTFTは現代社会に生きるわれわれの不安な面を髣髴とさせる。

GTFTとSTF2Tでは、相手がDを取ってきても、それを相手の(D,D)狙いであると解釈せず、自分の目標である(C,C)を目指しCを取る、確率qとrは(C,C)を実現しようとする意志の強さを表している。GTFT(0)はTFTと一致する。

プレイヤーが(C,C)を実現しようとする程度が大きい方から小さい方へ、大雑把に並べると、AllC、TF2T、STF2T(r)；GTFT(q)、TFT、Grimとなる。警戒心により(D,D)に甘んじることを余儀なくされる、その警戒心が小さい方から大きい方へ、大雑把に並べると、SuTFT(p)、AllDとなる。このように、(C,C)実現の意志とそれが実現しないことへの警戒心の程度の典型としてこれらの戦略を解釈できる。

AllD、Grim、TFTは（ある条件のもとに）繰返しゲームにおいて、自分自身

に対して（利得を最大にするという意味で）最適反応戦略であった。すなわち、厳密な Maximizer が利用し得る戦略である。しかしながら、TF2T、STF2T、GTFT、SuTFT は繰返しゲームにおいて、（自分自身を含め）あるタイプの戦略に対して（利得を最大にするという意味で）最適反応戦略ではない。すなわち、これらの戦略を利用する可能性がある公平的基準に従うプレイヤーは厳密な Maximizer ではない。

以上を下の表にまとめる。

自分	相手	自分が取る戦略	理由
公平的基準、(C,C) の実現に不安がない	利己的基準	Grim、TFT	(C,C)の実現を目指す。しかし、相手はゲームを囚人のジレンマとして捉えているので、相手は自分を利用する可能性がある。
	公平的基準	STF2T、TF2T、GTFT	(C,C)の実現を目指す。相手はゲームを囚人のジレンマとしてではなく $0 > a' > b'$ となるゲームとして捉えているので、こちらを利用する可能性はないが、(C,C)実現に不安がある。目標とする(C,C)を意志の力で実現しようとする。
公平的基準、(C,C) の実現に不安がある	利己的基準または公平的基準	SuTFT	(C,C)の実現を目指す。しかし、それに不安がある。

以上、公平的基準を持つプレイヤーを明示的に仮定することにより、ナッシュ均衡を構成し得ない戦略、TF2T、STF2T、GTFT、SuTFT を導入した。

STF2T の役割

これらの戦略が対戦したらどのような結果が生じるだろうか？を調べてSTF2T の役割を見る。

AllD と対戦すれば、相手がだれであれ最終的に確率 1 で(D,D)が実現する。また、TF2T、STF2T、GTFT が対戦すれば、何時も(C,C)が実現する。次に、SuTFT(p)と GTFT(q)、STF2T(r)、TF2T の対戦結果（一部）は次の表のようになる。

GTFT の(C,C)実現の意志の強さ q が SuTFT の警戒心の強さ p よりも大きけれ

ば、(C,C)が実現する。SuTFT(p)と
TF2Tの対戦結果は解析的に求めるこ
とが困難なので、pを0から0.01刻み
で変化させた時の100個の数値例によ
ると、$p≤0.62$の時は最終的に(C,C)が、
$p≥0.63$の時は最終的に(D,D)が実現し

SuTFT(p)による繰返しゲームの対戦結果		
相手の戦略	最終結果	条件
GTFT(q)	(C,C)	$p<q$
	(D,D)	$p>q$
STF2T(r)	(C,C)	$p≤r(<1)$
TF2T	(C,C)	$p=0.62$
	(D,D)	$p=0.63$

た。この数値例から、SuTFT(p)の警戒心の強さpがある臨界値より小さければ
(C,C)が、大きければ(D,D)が実現することが予想される。もし、この予想が正
しければpの臨界値は0.62と0.63の間にある。

SuTFT(p)とSTF2T(r)の対戦結果も解析的に
求めることが困難なので、pとrを0から
0.01刻みで変化させた時の10,000個の組合せ
の数値例による結果を右図に示す。

横軸がp、縦軸がrで、OXYの左上が
(C,C)、右下が(D,D)の実現する領域である。
TSは直線$p=0.63$である。

以上の対戦結果から次のような結論が得ら
れる。SuTFT(p)を相手に(C,C)を実現すると
いう観点からは、その警戒心がそれほど強くなければ（$p≤0.62$）、TF2Tでも
大丈夫であるが、警戒心が強ければ（$p≥0.63$）、それよりも強い（$q>p$）(C,C)
実現への意志を持つGTFT(q)か、ある程度強い(C,C)実現への意志を持つ
STF2T(r)が必要である。例えば、SuTFT(p)の警戒心が$p=0.9$とすれば、$r=0.74$
で十分である。すなわち、SuTFT相手に(C,C)を実現するという観点に立てば、
STF2Tは有効であることが分かる。

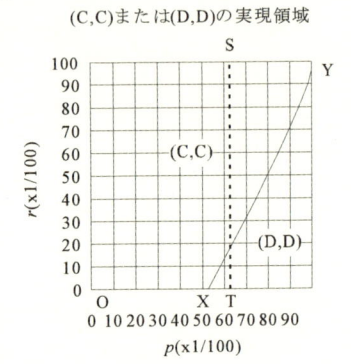

以上、公平的基準を持つ厳密なMaximizerではないプレイヤーを明示的に仮
定することにより、協調行動(C,C)の実現可能性を探った。

(C,C)という目標を設定しても、不安のためその実現には消極的である
SuTTTを登場させ（自分自身では(C,C)の実現は困難であるが）、STF2T、
TF2T、GTFTにより(C,C)の実現が可能になる点を確認した。さまざまな不安

が増大する現代において、合理的ではない SuTFT は実在する。この SuTFT に対して(C,C)実現のために STF2T が役立つことに留意することは、現代社会を生きるためのヒントとなる。

参考文献

本書を執筆するために参考にした主な文献と本書のどの章で利用したかは以下の通りである。

書籍

Brams, S.J. & Taylor, A.D. (1999). The Win-Win Solution. W. W. Norton & Company. 第5章「公平に分ける」

Driessen, T.S.H. (1988). Cooperative Games Solutions and Applications. Kluwer Academic Publishers. 1章「破産問題」、2章「提携形ゲーム」

Moulin, H. (1988). Axioms of Cooperative Decision Making. Cambridge University. 1章「破産問題」、4章「投票ルール」

Young, H.P. (1994). Equity - In Theory and Practice. Princeton University Press. 1章「破産問題」、2章「提携形ゲーム」3章「正比例に近い整数による配分」

論文

Namekata, T and Driessen, T.S.H. (1999). The Egalitarian Non-k-Averaged Contribution (EN^{k}AC) Values for TU-Games. International Game Theory Review. Vol.1, 45-61. 2章「提携形ゲーム」のEN^{k}AC-値

Ortmann, K.M. (2000). The Proportional value for positive cooperative games. Mathematical Methods of Operations Research. Vol.51, 235-248. 2章「提携形ゲーム」の比例配分値

Samuelson, L. (1987). A Note on Uncertainty and Cooperation in a Finitely Repeated Prisoner's Dilemma. International Journal of game Theory. Vol. 16, 187-195. 6章「ジレンマからの脱出」の囚人のジレンマゲーム、有限回繰返し

Young, H.P. (1975). Social Choice Scoring Functions. SIAM Journal of Applied Mathematics. Vol. 28, 824-838. 5章「投票ルール」の点数式投票ルールとボルダルールの特徴付け

行方常幸、行方洋子（1999）「プレイヤーの合理性と囚人のジレンマゲーム」

数理社会学会『理論と方法』研究ノート、第 14 巻、127-133. 6 章「ジレンマからの脱出」の公平的基準を持つプレイヤー

アプレット

　http://www.namekata.org/ の計量所「きっちり館」には、1 章「破産問題」、2 章「提携形ゲーム」、3 章「正比例に近い整数による配分」、4 章「投票ルール」で扱われた解を求めるアップレットがアップロードされている。3 章と 4 章の本文にはこのアプレットを利用した図が掲載されている。

索 引

0

0-1 正規化 59

2

2人ゲームにおける標準性 109

A

Adams 95
Adjusted Winner Procedure 160
AllC 175
AllD 175
Alt 175
Anonymity 123

B

Borda rule 115

C

Cancellation 130
Candidates 114
collusion-proofness 31
Condorcet 118
Condorcet consistent rule 117
Continuity 130
Copeland 118
Core 55

D

Dean 95

E

$EN^k AC$-値 70
ETP 78

F

Faithfulness 130

G

Grim 175

H

Ham 94
Head 17
Hill 95

J

Jeff 96

L

Lev 19
loser 115

M

majority matrix 117

Monotonicity 123
moving-finger procedure 157

N

Neutrality 123
Nuc
 提携形ゲーム 56
 破産問題 21

P

pairwise consistency 29
Pareto Optimality 123
Plurality rule 115
Population パラドックス 108
priority method 28
Prop
 提携形ゲーム 80
 破産問題 16

R

Reinforcement 123

S

Scoring voting rule 116
self-duality 30
Sh
 提携形ゲーム 51
 破産問題 24
Simpson 118
single peaked 132

Sol 67
Staying with quota 108
strategyproof 130

T

Tau
 提携形（準平衡）ゲーム 62
 提携形（準平衡でない）ゲーム 65
 破産問題 25
TFT 175
Tit for tat 175

V

vote matrix 117
Voters 114

W

Web 96
winner 115

あ

アダムズ法 95
アラバマパラドックス 107

い

一対一貫性 29

う

ウェブスター法 96

運搬アルバイト 40

お

おばあさんの栗の木 10

か

過半数行列 117
加法的 76

き

強化性 123

く

空港ゲーム 87
繰返しゲーム 175

け

ゲームのリンク 182
限界提携値 51
厳密な交互取り 146

こ

コア 55
交互取り 145
公平的基準 183
候補者 114
効率性 159
コープランドルール 118
コストゲーム 82
コンドルセ勝者 118

コンドルセと矛盾しないルール 117
コンドルセ敗者 118

さ

最小二乗準仁 70
最小二乗値 69
山菜採り 92

し

ジェファーソン法 96
自己双対性 30
施設維持費配分問題 83
質問段階付きバランスの取れた交互取り 147
支配する 55
自分と相手の比較(ある配分に対する) 151
シャープレイ値
　コストゲーム 83
　最小二乗値 70
　提携形ゲーム 51
　破産問題 24
囚人のジレンマゲーム 174
準平衡ゲーム 63
上界ベクトル 62
勝者 115
勝者調整法 160
譲歩ベクトル 63
除数法 94

除雪 4
仁
 提携形ゲーム 56
 破産問題 21
シンプソンルール 118

す

数値比 161

せ

誠実性 130
整数による配分 94
羨望を持たない 154
戦略 172
戦略形ゲーム 172
戦略的に自分の選好を偽っても無
 駄なルール 130

た

台風被害 6
タウ値
 コストゲーム 83
 準平衡ゲーム 62
 準平衡ゲームでない 65
 破産問題 25
多数決ルール 115
ダミープレイヤー 65
ダミープレイヤー性 78
団結値 67

単調性 123
単峰 132

ち

チキンゲーム 174
中立性 123

て

ディーン法 95
提携形ゲーム 50
点数式投票ルール 116
点数式投票ルールの特徴付け ... 130

と

投票行列 117
投票者 114
投票ルール 115
匿名性 123
取消性 130
鳥のコンテスト 112

な

仲良く分けて 134
ナッシュ均衡 173

に

ニュー値 70

は

バイアス 107

敗者 115
配分間の比較（自分の中での）150
破産問題 15
ハミルトン法 94
バランスの取れた交互取り 147
パレート最適性 123
反多数決ルール 116

ひ

非本質的 78
ひもじい犬のえさ 13
平等性 157
ヒル法 95
比例配分値 80
比例配分法 16
瓶詰め洋ナシの加工 1

ふ

二人の優勝者 142
不平等量 109
不便なタクシー 37
不満 50
不満ベクトル 58
プレイヤー 172
分割選択法 153

へ

ヘッド法 17
ペットボトルの飲料水 91

ほ

防共謀性 31
保証ゲーム 174
ほら吹き父さんの遺産相続 8
ボルダルール 115
ボルダルールの特徴付け 130

ま

満場一致ゲーム 79

も

もらったお菓子 137

ゆ

優加法的 55
優先法
　整数による配分 96
　破産問題 28
指差し手続き 157

り

利得 172

れ

レベリング法 19
連続性 130

わ

若い夫婦 141